Karol Koch

Direkte Baugrundaufschlüsse mittels Bohrtechnik

Karol Koch

Direkte Baugrundaufschlüsse mittels Bohrtechnik

Lehrbuchverlag

Imprint

Cover image: www.ingimage.com

Publisher:
Der Lehrbuchverlag
is a trademark of
International Book Market Service Ltd., member of OmniScriptum Publishing Group
17 Meldrum Street, Beau Bassin 71504, Mauritius

Printed at: see last page
ISBN: 978-620-2-49050-4

Kurzfassung

Bauen ohne vorhergehenden Aufschluss des Baugrunds ist heutzutage in Deutschland undenkbar. Für einen tiefergehenden, direkten Baugrundaufschluss ist Bohrtechnik zwingend erforderlich. Schon vor mehreren Jahrtausenden führten Menschen erste Tiefenbohrungen durch. Bohren zum gezielten Zwecke des Baugrundaufschlusses etablierte sich allerdings erst Anfang des 20. Jahrhunderts. Neben den klassischen Bohrtechniken wurden auch immer mehr neue Bohrverfahren zur gezielten Gewinnung von gekernten Bodenproben entwickelt. Mittlerweile regeln eine Reihe von DIN-Normen die Gewinnung der Proben sowie die anschließenden Untersuchungen.

Mit der Hilfe von Bohrverfahren lassen sich durchgehende Proben von Boden und Wasser entnehmen. Darüber hinaus ist es möglich, Untersuchungen im Bohrloch durchzuführen und Grundwassermessstellen zu errichten. Der Einsatz von speziellen Entnahmegeräten für Sonderproben auf der Bohrlochsohle ist ebenfalls möglich. (Simmer, 1994)

Die DIN-Norm (DIN EN 1997-2, 2010) unterteilt Bodenproben in fünf verschiedene Güteklassen aus drei verschiedenen Entnahmekategorien. Güteklasse 1 bezeichnet eine weitgehend ungestörte Probe und Güteklasse 5 eine völlig gestörte Probe.

Die heute existierenden Bohrtechniken unterschieden sich in vielen verschiedenen Aspekten. Das wichtigste Unterscheidungsmerkmal ist dabei die Anwendung einer Spülung, so werden Bohrverfahren generell in Trocken- und Spülbohrverfahren eingeteilt, je nachdem ob eine Spülung zur Anwendung kommt oder nicht. Des Weiteren unterscheiden sich die Bohrverfahren in der Art der Lösung des Bodens. Dies kann drehend, rammend, schlagend, drückend, vibrierend oder greifend erfolgen. Als Werkzeuge kommen Schappen, Schnecken, Meißel, Greifer, Ventilbohrer und speziell für den Baugrundaufschluss entwickelte Kernrohre zum Einsatz.

Bei der Wahl des Bohrverfahrens spielen verschiedene Kriterien eine Rolle, die wichtigsten dabei sind die gewünschte Qualität der Probe, die notwendige Tiefe der Bohrung, die bereits bekannten Eigenschaften des Baugrundes und die Vorgaben des Kunden.

Die DIN-Norm (DIN EN ISO 22475-1:2006 (D), 2007) gibt Empfehlungen und Einsatzgrenzen zu Bohrverfahren mit denen sich Bodenproben gewinnen lassen.

Es gibt eine Vielzahl von Fachliteratur über die Themen Bohren und Baugrundaufschlüsse sowie eine Reihe von gültigen DIN-Normen. Gerade durch die große Anzahl an Möglichkeiten fällt es in der Praxis oft schwer ohne eigene Erfahrungen eine Entscheidung über das am besten geeigneten Verfahren zu treffen. Die vom Autor erstellte Entscheidungshilfe soll möglichst einfach für alle möglichen Umstände ein Bohrverfahren empfehlen.

Auch wenn die Auswahl der Bohrverfahren für einen möglichen Baugrundaufschluss sehr groß ist, hat sich gezeigt, dass in normalen Fällen immer mit den gleichen, zweckmäßigen Verfahren erfolgreich gearbeitet werden kann.

Im Fels werden Seilkernrohre mit Spülhilfe eingesetzt, in bindigen Böden kommen je nach Tiefe Rammkernbohrverfahren und Seilkernrohre zum Einsatz. In Lockergestein werden Trockendrehbohrverfahren und Rammkernbohren verwendet, unterhalb des Grundwasserspiegels kann mit Ventilbohrern gearbeitet werden.

Abstract

Nowadays in Germany building without prior exploration and subsoil data is inconceivable. Drilling technology is absolutely essential for deeper, direct exploration of the subsoil. Already several millennia ago humans carried out the first deep boreholes. However, drilling for the specific purpose of subsoil data did not become established until the beginning of the 20th century. In addition to classical drilling techniques, more and more new drilling methods were developed for the targeted extraction of cored soil samples. Today DIN-standards regulate the extraction of samples and the investigations of the soil.

With the help of drilling methods, continuous samples of soil and water can be taken. In addition, it is possible to carry out investigations in the borehole and to set up groundwater measuring points. The use of special sampling devices to take special samples on the bottom of the borehole is also possible. (Simmer, 1994)

The DIN-standard (DIN EN 1997-2, 2010) divides soil samples into five different quality classes from three different sampling categories. Quality class 1 denotes a largely undisturbed sample and quality class 5 a completely disturbed sample.

The drilling methods that exist today differ in many different aspects. The most important differentiating feature is the application of a mud, so drilling methods are generally divided into dry and fluid drilling methods, depending on whether a mud is used or not. Furthermore, the drilling methods differ in the type of soil loosening. This can be rotary, ramming, percussive, pressing, vibrating or gripping. The tools used are drill buckets, flight auger, rock bits, grippers, bailers and core barrels specially developed for soil sampling.

Various criteria play a role in the selection of the drilling method, the most important are the desired quality of the sample, the required depth of the borehole, the already known data of the subsoil and the customer's requirements.

The DIN-standard (DIN EN ISO 22475-1:2006 (D), 2007) gives recommendations and application limits for drilling methods with which soil samples can be extracted.

There is a variety of technical literature on the topics of drilling and subsoil exploration as well as a number of valid DIN-standards. Due to the large number of possibilities, it is often difficult in practice to make a decision on the most ideal method without personal experience. The decision guidance provided by the author is intended to simply recommend a drilling method for all possible circumstances.

Even though the selection of drilling methods for a possible subsoil exploration is very large, it has been shown that in normal cases it is always possible to work successfully with the same functional methods.

In rock wireline core barrels are used. In cohesive soils ram core drilling methods or wireline core barrels are used depending of the depth of the borehole. In unconsolidated soil dry rotary drilling methods and ram core drilling methods are used, bailers are used below the groundwater table.

Inhaltsverzeichnis

1 Einführung

In Deutschland sind nach DIN 1054 sowie nach DIN 4020 bautechnische Bodenuntersuchungen dann erforderlich, wenn die örtlichen Erfahrungen keinen ausreichenden Aufschluss über Art, Beschaffenheit, Ausdehnung, Lagerung und Mächtigkeit der Bodenschichten geben. (Simmer, 1994) Beim direkten Aufschluss des Baugrundes durch Bohrtechnik handelt es sich um eine der wichtigsten Methoden bei der geotechnischen Untersuchung des Untergrundes. Zu diesem Zweck stehen verschiedene Bohrverfahren zur Auswahl. Die Bohrverfahren haben sich stets weiterentwickelt und sich dem neusten Stand der Technik angepasst. Eine Vielzahl von Bohrverfahren bieten unterschiedliche Vor- und Nachteile und sind für unterschiedliche Bedingungen geeignet. In den letzten Jahrzehnten wurde unzählige Fachliteratur über Geotechnische Untersuchungen und Bohrverfahren veröffentlicht. Oftmals kommt die Fachliteratur allerdings dem aktuellen Stand der Technik nicht hinterher und vertieft sich zu sehr in die seit Jahrzehnten gelehrte Theorie. Auf die Wirtschaftlichkeit und Zweckmäßigkeit der Verfahren wird vielfach unzureichend eingegangen. Auch die DIN-Normen haben sich aktualisiert, so ersetzt seit 2007 die neue DIN EN ISO 22475-1 „Geotechnische Erkundung und Untersuchung –Probenentnahmeverfahren und Grundwassermessungen" die ehemalige DIN 4021 „Baugrund; Aufschluß durch Schürfe und Bohrungen sowie Entnahme von Proben" von 1990. Abbildungen in der Fachliteratur zeigen oftmals neue, unbenutzte Produkte oder nur Skizzen der jeweils unbenutzten Bohrgeräte und Werkzeuge, diese weichen optisch teils stark von länger in der Praxis benutzen Werkzeugen und Geräten ab. Bei der Vielzahl von Möglichkeiten an Bohrverfahren ist es ohne eigene Erfahrung schwierig in der Planung eine Entscheidung über ein passendes Bohrverfahren zu treffen. Die Empfehlungen der DIN-Norm sind sehr oberflächlich und helfen nur bedingt weiter.

2 Aufgabenstellung und Lösungsweg

Die Aufgabenstellung und das Ziel dieser Arbeit sind den aktuellen Stand der Technik im Bereich Baugrundaufschlüsse mittels Bohrtechnik wiederzugeben. Dabei soll neben dem Einsehen und Zusammenfassen der aktuellen Fachliteratur auch ein echter Einblick in die Praxis genutzt werden. Es wird eine kurze Übersicht über den Zweck von geotechnischen Untersuchungen aufgeführt und die geschichtliche Entwicklung der Bohrtechnik grob verdeutlicht. Mit Bezug auf die aktuelle Normung werden die heute am weitesten verbreiteten Bohrverfahren, welche für den Baugrundaufschluss geeignet sind technisch analysiert, vorgestellt und bewertet. Bohrfirmen und Firmen die Bohrleistungen anbieten werden befragt und besucht. Firmenangebotsmaterial wird verwendet, um einen besseren Einblick in die tatsächlich in der Praxis verwendeten Bohrtechniken zu erhalten. Die vorgestellten Verfahren werden neben den Erläuterungen auch mit praxisnahen Abbildungen illustriert. Es wird analysiert welche Faktoren bei der Auswahl eines Bohrverfahrens für den Baugrundaufschluss von Bedeutung sind. Die von der DIN-Norm (DIN EN ISO 22475-1:2006 (D), 2007) bestehenden Empfehlungen werden vorgestellt und bewertet. Mit den gesammelten Erkenntnissen wird vom Autor eine Entscheidungshilfe für die Auswahl des Bohrverfahrens in der Praxis konzipiert. Diese soll bei der Auswahl eines Bohrverfahrens in der Planung helfen.

3 Vorgehensweise bei der Bearbeitung

Die Arbeit begann mit der Suche nach geeigneter Fachliteratur. Dazu wurde auf die Bibliothek der Hochschule Darmstadt sowie deren E-Medien zurückgegriffen. Auch die Programme/ Onlineauftritte von Bohrfirmen und Firmen die Bohrleistungen anbieten wurden studiert, um sich einen Überblick zu verschaffen, welche Bohrverfahren noch aktuell sind und auf dem Markt angeboten werden. Es wurde nach aktuell gültigen und für den Baugrundaufschluss mittels Bohrtechnik relevanten DIN-Normen recherchiert.

Es wurden sich Gedanken darüber gemacht, wie sich diese Arbeit von der bestehenden Fachliteratur abheben kann, sowie welche Aspekte der Bohrverfahren und welche sonstigen Informationen für den Leser relevant und nützlich sind.

Unter diesem Ansatz wurden kurze einleitende Kapitel zur Baugrunderkundung und Geschichte der Bohrtechnik verfasst und anschließend sämtliche Bohrverfahren vorgestellt, die für den Baugrundaufschluss genutzt werden können. Neben speziell für den Baugrundaufschluss entwickelten Verfahren wurden auch die klassischen Bohrverfahren vorgestellt mit denen sich Bodenproben gewinnen lassen.

Die Firma Terrasond wurde am Firmenstandort in Büttelborn besucht, Bohrwerkzeuge wurden begutachtet und Firmenmaterial wurde eingesehen. Darüber hinaus wurde ein Interview mit dem Leiter der Zweigstelle Rhein-Main, Herrn Jörn Schäfer geführt. Eine aktuelle Baustelle der Firma Terrasond auf der Hafeninsel in Offenbach am Main wurde besucht, um einen Einblick in die praktische Arbeit bei einem Baugrundaufschluss zu bekommen. Dort konnte eine Bohrung mit dem Düsterlohhammer begutachtet werden und Fotos für die Arbeit angefertigt werden.

Es wurde nach den für die Auswahl des Bohrverfahrens wichtigsten Kriterien recherchiert und diese vorgestellt. Die in der DIN-Norm (DIN EN ISO 22475-1:2006 (D), 2007) genannten Empfehlungen und Einsatzgrenzen wurden vorgestellt und mit Angaben aus der Fachliteratur verglichen.

Mit Hilfe des bei der Literatur- und Normenrecherche und durch die Firmenbesuche gewonnen Fachwissens wurde vom Autor eine Entscheidungshilfe für die Wahl eines Bohrverfahrens in Form eines Flussdiagramms entwickelt.

4 Sinn und Ziele geotechnischer Untersuchungen

Beim Baugrund handelt es sich bereits um den ersten Baustoff bei der Erstellung eines Bauwerkes. Seine Eigenschaften sind in der Planung zu berücksichtigen, wenn unangenehme Überraschungen und das Risiko auf deutliche Mehrkosten verhindert werden sollen. Durch das massive Verdichten von Städten und Wohngebieten in den letzten Jahrzehnten muss aus Kostengründen vermehrt auf „schlechten" Baugrund zurückgegriffen werden, auf dem eine Bebauung nur mittels besonderer bautechnischer Maßnahmen (Sondergründung) möglich ist. Diese Sondermaßnahmen nehmen starken Einfluss auf die Baukosten. Für sie ist eine genaue geotechnische Untersuchung des Baugrundes zwingend erforderlich. Die Umsetzung von komplizierten und umfangreichen Baumaßnahmen wie Hochhäusern, Industrieanlagen und verkehrstechnischen Bauwerken ist ohne eingehende Erkundung des Baugrunds undenkbar. (Buja, 2009)

Auch für die Erkundung nach Altlasten, für die Kontrolle von Grundwasser für verschiedene Zwecke, für die Planung von Abfalldeponien und für spontane Kontrollen nach Verkehrsunfällen mit Gefahrgut müssen Böden erkundet werden. (Buja, 2009)

Ziel der Untersuchungen ist es genaue Erkenntnisse über alle relevanten Eigenschaften des Bodens zu erlangen. Der Umfang der Untersuchungen richtet sich dabei nach dem Schwierigkeitsgrad des geplanten Bauwerkes. Dabei werden Voruntersuchungen, Hauptuntersuchungen und baubegleitende Untersuchungen unterschieden. (Kolymbas, 2019)

Bevor es überhaupt zur Anordnung richtiger Untersuchungen kommt, können Abschätzungen durch einfache und kostengünstige Verfahren getroffen werden. Dies beinhaltet das Einsehen von geologischen Karten, das Analysieren der Fauna des Grundstückes, Auskünfte von Nachbarn, Ergebnissen von Bohrungen in der Nähe sowie auf Voruntersuchungen wie kleinen Handbohrungen und Sondierungen. (Buja, 2009) Gerade vor der Entwicklung moderner Bohrtechniken waren diese Methoden sehr gefragt. Manche Menschen glauben auch an das wissenschaftlich nicht bewiesene Phänomen der Rutengänger.

Mit Hilfe von Bohrverfahren, welche den Schwerpunkt dieser Arbeit darstellen, lassen sich Baugrundverhältnisse, Grundwasserverhältnisse sowie Lagerstätten erkunden. Es ist möglich Untersuchungen im Bohrloch durchzuführen und Grundwassermessstellen zu errichten. Eine Normgerechte Baugrundaufschluss-Bohrung nach (DIN EN ISO 22475-1:2006 (D), 2007) in Verbindung mit einem Baugrundgutachten bietet die zuverlässigsten Erkenntnisse bei einer Baugrunderkundung. (Buja, 2009) Dabei können Erkenntnisse aus Bohrproben, Bohrlöchern, Bohrwiderständen, Bohrarbeiten und beim Bohren beobachteten Wasser- und Druckverlusten sowie Gas- und Flüssigkeitsaustritten geschlossen werden. Bei Erkundungsarbeiten am selben Objekt kann es vorkommen, dass unterschiedliche Fragestellungen verschiedene Bohrverfahren erfordern. (Dachroth, 2017)

Mit den gesammelten Erkenntnissen und Proben lässt sich ein vollwertiges Baugrundgutachten erstellen. Dies sollte so frühzeitig wie möglich vorliegen, damit die Planung des Bauwerkes bereits im Vorfeld an die Bodenverhältnisse angepasst werden kann. Die Kosten eines Baugrundgutachtens sind gegenüber den Kosten einer möglichen Fehlplanung ohne Gutachten marginal.

5 Historische Entwicklung der Bohrtechnik/ Baugrunderkundung

5.1 Geschichte der Bohrtechnik

Maßgeblich entwickelte sich die Bohrtechnik in Europa erst gegen Ende des Mittelalters gemeinschaftlich mit dem Bergbau. Dennoch wurde bereits wesentlich früher in der Menschheitsgeschichte schon gebohrt. So wurden bei Ausgrabungen an den ägyptischen Pyramiden von Gizeh Beweise für die Nutzung von Diamanten bei Gesteinsbohrungen gefunden. (Buja, 2009) Auch Konfuzius berichtet in seinen Aufzeichnungen (ca. 500 v. Chr.) bereits von tiefen Bohrungen von bis zu mehreren 100 Fuß in der Provinz Sichuan in China. Dabei handelte es sich um Bohrungen zur Gewinnung von Salzsohle. Dazu wurde mutmaßlich die Technik des Seilschlagbohrens verwendet, sie ist in Abbildung 1 illustriert. Auch Marco Polo erzählt in seinen Reiseberichten von aufwendigen Bohrungen, welche er auf seinen Chinareisen (1275 und 1292) beobachtet hat. (Marx, 1998) (Buja, 2009)

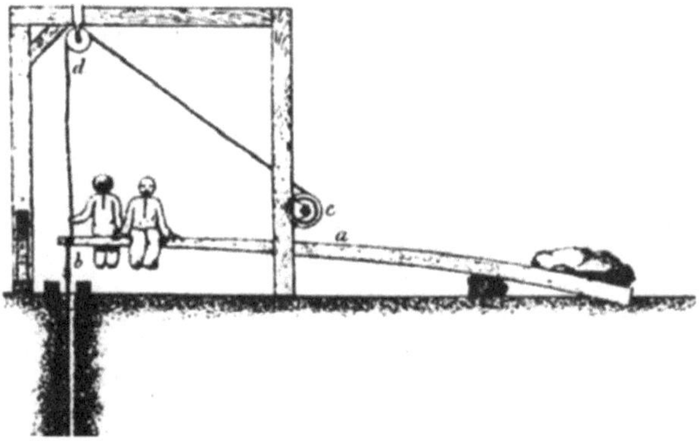

Abbildung 1: Chinesisches Schlagbohren (Buja, 2009)

In Europa entwickelte sich die Bohrtechnik erst wesentlich später, so entwarf z.B. Leonardo da Vinci um etwa 1500 einen Bohrapparat. Ab dem 18. Jahrhundert wurden in Europa gezielte Bohrungen nach beispielsweise Salz oder Öl durchgeführt. Die industrielle Revolution gab der Bohrtechnik in Europa viele neue Möglichkeiten und Impulse. Dampfmaschinen konnten nun zum Antrieb verwendet werden. Die Geräte verbesserten sich durch qualitativen Stahl und neue Maschinenbautechnologie rasant. Erste Rotarybohrverfahren wurden entwickelt. Damit waren erstmals Bohrungen von mehreren tausend Metern Tiefe möglich. Durch die Entwicklung des Dieselmotors und der Hydraulik konnte die Antriebstechnik noch einmal deutlich verbessert und vor allem einfacher und vielerorts angewendet werden. Mit dem Beginn des 20. Jahrhunderts wurden erstmals Spülbohrverfahren eingesetzt. (Buja, 2009). Seit den 80er Jahren wurde die Steuerungs-

und Kontrolltechnik durch Computertechnologie revolutioniert, was die Effizienz vieler Bohrverfahren deutlich verbessern konnte.

Die tiefste von Menschen geschaffene Bohrung stellt aktuell die sogenannte Kola-Bohrung auf der gleichnamigen russischen Halbinsel dar. Sie erreichte 1992 eine Teufe von über zwölftausend Metern. (Vidal, 1985)

5.2 Entwicklung der Baugrunderkundung

Der historische Start der Baugrunderkundung lässt sich nicht genau datieren. Zwar bauten Griechen und Römer bereits in der Antike schwere Bauwerke, jedoch beschränkten sie sich auf einfache Gründungsarten. Annahmen über die Bodeneigenschaften lieferten das oberflächliche Erscheinungsbild des Bodens, die vorhandenen Pflanzenarten und Bauwerke in der Nähe. Oftmals wurden Bodenverhältnisse einfach dem Zufall überlassen. Dies änderte sich auch im Laufe der Jahrhunderte zunächst nicht, so ist der „Schiefe Turm von Pisa" aus dem 12. Jahrhundert das wohl berühmteste Beispiel für eine unsachgemäße Gründung. Seine Schräglage beträgt heute in etwa vier Grad und ist auf weichen Untergrund wie Ton und Sand zurückzuführen, siehe hierzu Abbildungen 2 und 3. (Burland, Jamiolkowski, & Viggiani, 2009)

Das erste bekannte Gründungselement stellen Holzpfähle dar. Diese wurden in den Baugrund gerammt und dann je nach Bedarf verkürzt oder verlängert. Über die Tragfähigkeit von Pfählen gab es schon früh Erfahrungswerte. (Buja, 2009) Die grundliegende mathematische Theorie über Bodenmechanik stammt von Charles Augustin de Coulomb aus dem Jahre 1773. Im Jahre 1925 veröffentlichte Karl von Terzaghi das erste umfassende Lehrbuch über Bodenmechanik. Damit gilt er als Begründer der Bodenmechanik als unabhängiger Wissenschaft. (Moormann, 2019)

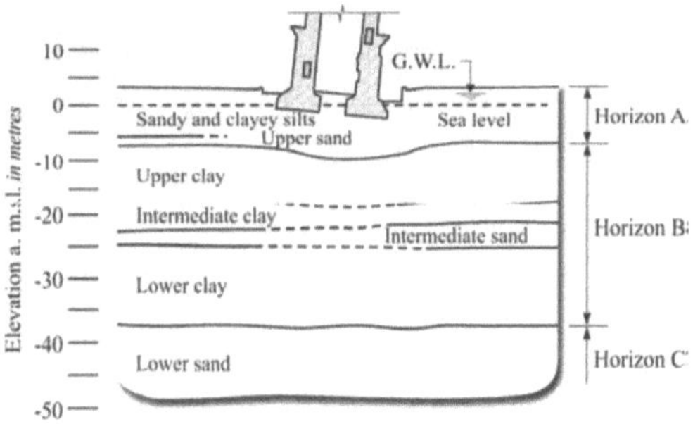

Abbildung 2: Heute bekannter Baugrund in Pisa (Burland, Jamiolkowski, & Viggiani, 2009)

Abbildung 3: Glockenturm in Pisa

(Blaze, 2013)

In Deutschland gründete sich im Jahre 1928 die „Deutsche Gesellschaft für Bodenmechanik", mit ihr erschienen die ersten DIN-Vorschriften der Bodenmechanik. Damit vereinheitlichten sich Bodenbezeichnungen, Bodenparameter sowie Laborverfahren. (Buja, 2009)

Mit der Einfuhr von Bohr- und Rammpfählen aus Stahl sowie Stahlbeton für Gründungen wurden auch Bohrungen als Mittel der Baugrunderkundung eingeführt, da diese für eine wirtschaftliche Gründung mit Pfählen notwendig sind. Bald etablierten sich hierzu auch Regeln und Normen, und eine DIN-Vorschrift wurde eingeführt. Seit Mitte des 20. Jahrhunderts etablierten sich immer mehr Ingenieurbüros für Grundbau in Deutschland. Heute schreiben die DIN-Normen (DIN 1054, DIN 4020) zwingend Baugrunduntersuchungen vor. (Buja, 2009)

6 Bohrverfahren zur Baugrunderkundung

Bohrverfahren zum Baugrundaufschluss werden dann eingesetzt, wenn davon auszugehen ist, dass das Bauwerk auch Einfluss auf tiefere Bodenschichten hat und einfache Schürfe (Test Pits) mit Tiefen bis zu ca. 5 m nicht mehr ausreichen oder wenn bereits im Vorfeld eine Sondergründung/ Pfahlgründung geplant ist. (Kolymbas, 2019) Die aktuelle Norm (DIN EN ISO 22475-1:2006 (D), 2007) unterscheidet zwischen: a) „Durchgehend gewonnenen Proben mittels Bohrverfahren", b) „Mittels Entnahmegeräten entnommener Proben" und c) „der Entnahme von Blockproben". Die Verfahren a) und b) lassen sich kombinieren, in einigen Fällen ist diese Kombination sogar erforderlich. Während die kontinuierlich während des Bohrvorgangs gewonnenen Proben vor allem dazu dienen, einen Überblick über die Schichten des Bodens zu bekommen, werden die mit Geräten entnommenen Proben bodenmechanischen Untersuchungen zugeführt. (Buja, 2009) Des Weiteren teilt die DIN-Norm die Verfahren der Probeentnahme in Kategorien ein. Diese geben die möglichen Güteklassen der Proben wieder, sie sind in Tabelle 1 dargestellt. Die Güteklassen von Bodenproben sind in der EN 1997-2 definiert. Güteklasse 1 bezeichnet eine weitgehend ungestörte Probe und Güteklasse 5 eine völlig gestörte Probe. Tabelle 2 zeigt welche Bodeneigenschaften für jeweilige Güteklasse unverändert bzw. bestimmbar bleiben müssen. Proben hoher Güteklassen werden als Sonderproben (Undisturbed Samples) bezeichnet. (Kolymbas, 2019) Probeentnahmen im Fels mit Hilfe von Bohrtechnik sind in dieser DIN-Norm noch einmal separat definiert.

Tabelle 1: Güteklassen von Bodenproben für Laborversuche und zu verwendende Kategorien der Probenentnahme (DIN EN ISO 22475-1:2006 (D), 2007)

<table>
<tr><th>Güteklassen von Bodenproben für Laborversuche</th><th>1</th><th>2</th><th>3</th><th>4</th><th>5</th></tr>
<tr><td rowspan="3">Kategorien der Probenentnahme</td><td colspan="5">A</td></tr>
<tr><td colspan="2"></td><td colspan="3">B</td></tr>
<tr><td colspan="4"></td><td>C</td></tr>
</table>

Bohrverfahren haben neben den in der DIN genannten viele weitere Unterscheidungsmerkmale, nach denen eine Einteilung möglich ist. Dies spiegelt sich auch in der Fachliteratur wider, in der verschiedene Einteilungen von Wissenschaftlern zu finden sind. Nach den folgenden Unterscheidungsmerkmalen lassen sich Bohrverfahren nach (Buja, 2009) einteilen:

- Art der Lösung des Bodens oder des Gesteins
- Art der Bodenproben bei der bohrtechnischen Gewinnung
- Art der Förderung des erbohrten Bodens oder des Gesteines
- Art des Bohrantriebes bzw. Bohrvorganges

- Art des Bohrwerkzeuges
- Güteklasse der Bodenproben nach DIN EN 1997-2

In dieser Arbeit wurde sich bei der Beschreibung der Bohrverfahren für eine Unterteilung nach Trocken und Spülbohrverfahren mit einer technischen Unterunterteilung entschieden. Die folgenden Abschnitte beschreiben und illustrieren die gängigsten Bohrverfahren, die aktuell in der Baugrunderkundung eingesetzt werden. Dabei wurde auf die aktuelle DIN-Norm (DIN EN ISO 22475-1:2006 (D), 2007) und auf Erfahrungen aus der Praxis eingegangen.

Tabelle 2: Güteklassen von Bodenproben für Laborversuche und erforderliche Kategorien der Probeentnahme aus (DIN EN 1997-2, 2010)

<table>
<tr><th>Bodeneigenschaften/Güteklasse</th><th>1</th><th>2</th><th>3</th><th>4</th><th>5</th></tr>
<tr><td>Bodeneigenschaften, die unverändert sind:</td><td></td><td></td><td></td><td></td><td></td></tr>
<tr><td>Korngrößenverteilung</td><td>*</td><td>*</td><td>*</td><td>*</td><td></td></tr>
<tr><td>Wassergehalt</td><td>*</td><td>*</td><td>*</td><td></td><td></td></tr>
<tr><td>Dichte, Lagerungsdichte, Durchlässigkeit</td><td>*</td><td>*</td><td></td><td></td><td></td></tr>
<tr><td>Zusammendrückbarkeit, Scherfestigkeit</td><td>*</td><td></td><td></td><td></td><td></td></tr>
<tr><td>Eigenschaften, die bestimmt werden können:</td><td></td><td></td><td></td><td></td><td></td></tr>
<tr><td>Schichtenfolge</td><td>*</td><td>*</td><td>*</td><td>*</td><td>*</td></tr>
<tr><td>Schichtgrenzen, grobe Einteilung</td><td>*</td><td>*</td><td>*</td><td>*</td><td></td></tr>
<tr><td>Schichtgrenzen, feine Unterteilung</td><td>*</td><td>*</td><td></td><td></td><td></td></tr>
<tr><td>Konsistenzgrenzen, Korndichte, organische Bestandteile</td><td>*</td><td>*</td><td>*</td><td>*</td><td></td></tr>
<tr><td>Wassergehalt</td><td>*</td><td>*</td><td>*</td><td></td><td></td></tr>
<tr><td>Dichte, Lagerungsdichte, Porosität, Durchlässigkeit</td><td>*</td><td>*</td><td></td><td></td><td></td></tr>
<tr><td>Zusammendrückbarkeit, Scherfestigkeit</td><td>*</td><td></td><td></td><td></td><td></td></tr>
<tr><td>Kategorie der Probeentnahme entsprechend EN ISO 22475-1</td><td colspan="5">A</td></tr>
<tr><td></td><td colspan="2"></td><td colspan="3">B</td></tr>
<tr><td></td><td colspan="4"></td><td>C</td></tr>
</table>

7 Trockenbohrverfahren

Trockenbohrverfahren werden zum Baugrundaufschluss vor allem in Lockergestein und bindigen Böden benutzt. Bei Trockenbohrverfahren wird keine Stütz- oder Förderflüssigkeit verwendet. Sie werden hauptsächlich für Bohrungen mit geringen Teufen bis ca. 30 m genutzt. Trockenbohren findet in den meisten Fällen verrohrt statt. Das heißt, dass ein Stahlrohr zunächst in den Boden eingebracht wird. Dies kann schlagend, vibrierend oder drehend erfolgen. Nach dem einbringen der Verrohrung erfolgt dann die Kernräumung. Schneckenbohrverfahren können auch ohne Verrohrung durchgeführt werden. Die Verrohrung kann in einigen Fällen durch eine Hohlbohrschnecke ersetzt werden, siehe Abschnitt 7.2.2. Mit Schlag- und Freifallwerkzeugen wie Greifer, Kreuzmeißel und Ventilbohrer (Kiespumpe) werden Schlagbohrverfahren ohne Spülhilfe ausgeführt. Drehend können Trockenbohrverfahren mit Werkzeugen wie Schlappe, Bohreimer, Schnecke und Kernrohr erfolgen. Rammbohrverfahren mit Kernrohren erfolgen ebenfalls ohne Spülhilfe. (Ulrich & Ulrich, 2018) Herr Schäfer von Terrasond gibt im Interview als großen Vorteil des Trockenbohrens die Wirtschaftlichkeit an, da eine Spülung muss weder erstellt noch entsorgt werden. (Schäfer, 2019)

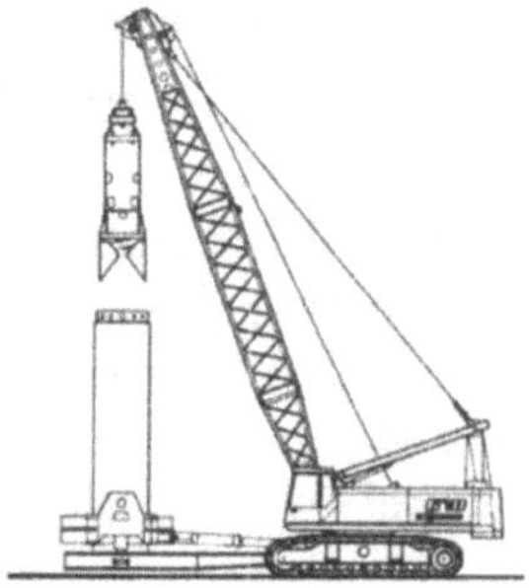

Abbildung 4: Raupenseilbagger mit Greifer und Verrohrungsmaschine (Buja, 2009)

7.1 Schlagbohrverfahren

Wie in Abschnitt 5.1 erwähnt, gehören Schlagbohrverfahren zu den ältesten der Welt und wurden in China schon vor mehreren tausend Jahren angewendet. Unabhängig vom Werkzeug werden Schlagbohrverfahren in der Baugrunderkundung seilgeführt praktiziert, Gestängefreifallbohren sowie pennsylvanisches und kanadisches Verfahren sind im Bereich des Baugrundaufschlusses ohne Bedeutung. Dies bedeutet, dass das Bohrwerkzeug am Ende eines Seiles hängt und im freien Fall auf die Bohrgrundsohle fallengelassen wird. Als Geräte kommen in der Regel Seilbagger zum Einsatz, siehe hierzu auch Abbildung 4. Eine mögliche Verrohrung wird von einer separaten Verrohrungsmaschine durchgeführt. (Buja, 2009)

Schlagbohrverfahren werden hauptsächlich bei Bohrhindernissen und bei speziellen Bodenarten verwendet. Bei gewöhnlichen, einfachen Bodenverhältnissen sind Dreh- oder Rammbohrverfahren normalerweise effektiver und somit wirtschaftlicher. Ein Vorteil der Schlagbohrverfahren ist der geringe technische sowie maschinelle Aufwand. Schlagbohrverfahren werden in der Regel von darauf spezialisierten Firmen durchgeführt. (Buja, 2009) (Ulrich & Ulrich, 2018)

7.1.1 Seilfreifallbohren mit Greifer

Dieses Verfahren wird mit der Hilfe von Seilbaggern durchgeführt. Der Greifer befindet sich am Ende des Seiles und wird aus großen Fallhöhen auf die Bohrgrundsohle fallengelassen. Der Greifer selbst besteht aus zwei bis vier Schalen, siehe Abbildung 5. Beim Fallvorgang ist der Greifer geöffnet, sodass die Schalen beim Aufprall in den Boden eindringen. (Ulrich & Ulrich, 2018) Einige Greifer können durch arretieren der Schaufeln auch als Meißel benutzt werden, dabei sollten jedoch geringe Fallhöhen (<1m) gewählt werden, um Schäden am Greifer zu vermeiden. (Buja, 2009) Um Abweichungen zu verhindern, finden Arbeiten mit dem Greifer in der Regel verrohrt statt. Die Verrohrung wird dabei von einer separaten Verrohrungsmaschine durchgeführt. Bei der Durchführung sollte der Greifer nicht tiefer als die Verrohrung in den Boden eindringen um seitlichen Bodeneinzug zu vermeiden. Das heißt, dass zuerst verrohrt und anschließend der Kern geräumt wird.

Laut (Buja, 2009) werden Greifer für rollige und bindige Böden benutzt, es kann auch von einem Meisel gelöstes Material nachträglich gefördert werden. Greifer eignen sich besonders zum Beseitigen von Bohrhindernissen wie Findlingen. Diese müssen gegebenenfalls vorher zertrümmert werden. (Ulrich & Ulrich, 2018) Nach (DIN EN ISO 22475-1:2006 (D), 2007) ist der Greifer als Entnahmeverfahren von Proben für Kies, Steine und Blöcke kleiner als $D_e/2$ geeignet. Ungeeignet ist er dagegen für bindige Böden und Blöcke größer als $D_e/2$. Damit liegt bei bindigen Böden ein Widerspruch zwischen Buja und DIN-Norm vor. Dies könnte damit begründet sein, dass sich die DIN-Norm speziell auf die Entnahme von Proben bezieht.

Des Weiteren soll laut (DIN EN ISO 22475-1:2006 (D), 2007) der Bohrlochdurchmesser zwischen 400 und 1500 mm betragen, (Buja, 2009) dagegen gibt einen Durchmesserbereich von 600 bis 2500 mm (3000 mm bei Prototypen) an. Mit dem Seilfreifallbohren können Tiefen bis 100 m erreicht werden.

Die Qualität von gewonnen Bodenproben entspricht Kategorie B, GKL 4 (trocken bis feucht) oder Kategorie C, GKL 5 (wassergesättigt).

Das Seilfreifallbohren mit Greifer wird vielfach bei Aufschlussbohrungen im Deponiebereich zum Einsatz gebracht. (Buja, 2009)

Abbildung 5: Greifer für Seilbagger (Wikimedia Commons, 2011)

7.1.2 Seilbohren mit Ventilbohrer (Kiespumpe)

Ventilbohrer werden für locker gelagerte Kiese, grobe Sande und fließfähige Treibsande genutzt. Eine Anwendung findet nur Unterhalb des Grundwasserspiegels statt. (Ulrich & Ulrich, 2018) Die Kiespumpe stellt eine spezielle Form des Ventilbohrers dar. Ventilbohrer, auch Ventilschlagbüchsen genannt und Kiespumpen gehören, obwohl sie eine Sonderform des Schlagbohrens sind, ebenfalls zu den ältesten Bohrverfahren. Ventilbohrer sind Seilgeführt und bestehen aus einem Stahlzylinder mit Klappe, siehe Abbildung 6(a). Die Büchse wird auf den Bohrlochgrund (Brunnengrund) fallengelassen und bohrt sich in den Grund des Bodens. Der aufgewirbelte Boden dringt mit dem Wasserstrom in die Büchse ein. Anschließend schließt sich die Ventilklappe. Dieser Vorgang wird so lange wiederholt, bis die Büchse vollständig gefüllt ist. Die Fallhöhe beträgt in etwa 30 bis 50 cm. (Dachroth, 2017) (Buja, 2009)

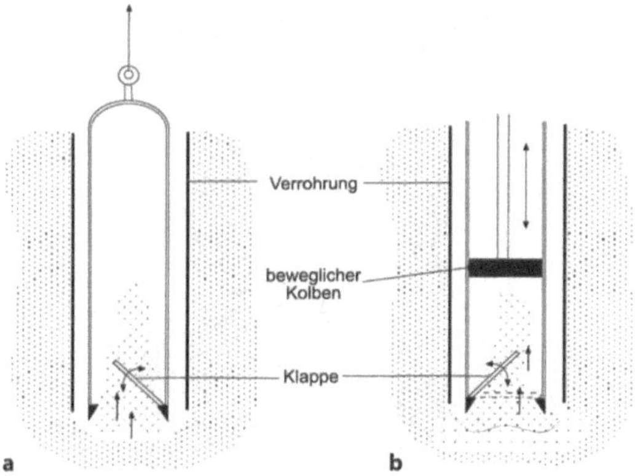

Abbildung 6: Ventilbohrer (a) und Kiespumpe (b) nach (Dachroth, 2017)

Die Kiespumpe wird auf dem Bohrlochgrund abgestellt und anstelle des ganzen Bohrwerkzeuges, wird hier nur ein Kolben im Inneren bewegt, siehe Abbildung 6(b). Dies geschieht in kurzen Hüben von etwa 30 cm. Beim Anheben des Kolbens öffnet sich die Ventilklappe und Wasser samt Boden werden wie bei einer Luftpumpe in den Pumpenkörper gezogen. Anschließend wird der Kolben wieder abgesenkt, wobei sich die Ventilklappe schließt. (Buja, 2009) (Dachroth, 2017)

Für eine gut funktionierende Bohrung sollte der Durchmesser des Bohrlochs 400mm nicht überschreiten. Ventilbohrer und Kiespumpen kommen nur verrohrt zum Einsatz, die Verrohrung sollte möglichst tiefer als die Bohrlochsohle reichen. Arbeiten mit Ventilbohrern und Kiespumpen erfordern eine Menge Erfahrung. Sie können auch für die Säuberung von Bohrlochsohlen bei Brunnen- oder Pfahlbohrungen zum Einsatz kommen. (Buja, 2009)

Laut (DIN EN ISO 22475-1:2006 (D), 2007) sind mit dem Ventilbohrer nur stark gestörte Proben der Güteklasse 5 (4) möglich. Dies wird von (Dachroth, 2017) bestätigt. In (Buja, 2009) ist der Ventilbohrer mit GKL 3-4 und die Kiespumpe mit GKL 4-5 angegeben. Während (Buja, 2009) angibt, der Bohrlochdurchmesser solle 400mm nicht überschreiten, gibt die DIN-Norm mögliche Durchmesser im Bereich von 100 – 1000mm an.

Empfohlen wird der Einsatz von Ventilbohrern in der (DIN EN ISO 22475-1:2006 (D), 2007) für Kies und Sand unter der Grundwasseroberfläche. Unter Wasserzugabe sei auch ein Einsatz in bindigen Böden möglich. Diese Empfehlungen stimmen mit der Fachliteratur überein.

Herr Schäfer von Terrasond gibt ebenfalls an Kiespumpen für Arbeiten unterhalb des Grundwasserspiegels zu nutzen. Abbildung 7 zeigt Ventilbohrer der Firma Terrasond, die Klappe am Boden ist deutlich zu erkennen. (Schäfer, 2019)

Abbildung 7: Ventilbohrer der Firma Terrasond, eigene Aufnahme

7.1.3 Schlagbohren mit Meißel

Schlagbohren mit einem Meißel erfolgt stets in zwei Schritten. Zunächst wird ein am Drahtseil hängender Meißel angehoben und dann zwecks Zertrümmerung von festem Gestein auf die Bohrlochsohle fallengelassen. Anschließend erfolgt die Säuberung der Bohrlochsohle, dabei wird das Bohrklein von einem Greifer, einer Schlappe oder einem Ventilbohrer in einem separaten Arbeitsgang gefördert. (Dachroth, 2017) Die Fallhöhe sollte zwei Meter nicht überschreiten, um das Bohrwerkzeug nicht zu beschädigen. Niedrige Fallhöhen haben sich zudem durch schnelleres Arbeiten als effektiver erwiesen. Die ständige Entfernung des Bohrkleins von der Bohrlochsohle ist notwendig, da sonst der Aufschlag des Meißels gebremst wird. Das Arbeiten mit Bohrmeißeln erfolgt verrohrt. (Buja, 2009)

Meißel werden in Festgestein verwendet, wenn sich das Eindringen eines Bohrwerkzeuges in den Boden als schwierig erweist. Oftmals wird der Bohrmeißel ausschließlich zur Zertrümmerung von Bohrhindernissen verwendet. Ein permanentes Arbeiten, bzw. die Durchführung kompletter Bohrungen gilt als sehr unwirtschaftlich. Die Bohrgeschwindigkeit ist sehr langsam und der Verschleiß der Bohrwerkzeuge hoch. (Dachroth, 2017) (Buja, 2009).

Bohrmeißel wurden weitestgehend durch leistungsfähige Drehbohrwerkzeuge abgelöst und werden nur noch vereinzelt verwendet. Nur unter ganz bestimmten Baugrundverhältnissen stellt das Arbeiten mit dem Bohrmeißel eine wirtschaftliche Lösung dar. Eine direkte Entnahme von Bohrproben ist mit einem Meißel nicht möglich. Nachträglich entnommenes Bohrklein stellt eine stark gestörte Probe der Güteklasse 5 dar. (Buja, 2009) (DIN EN ISO 22475-1:2006 (D), 2007)

7.2 Drehende Bohrverfahren ohne Spülhilfe

Drehbohrverfahren ohne Spülung stellen die üblichsten und am vielseitigsten nutzbaren Bohrverfahren dar. (Buja, 2009) Das Bohrwerkzeug ist bei Trockendrehbohrverfahren über ein Gestänge mit einem Drehantrieb verbunden. In der Regel wird dazu eine Kellystange verwendet. Daher ist auch oftmals von Kellybohren die Rede. Als Bohrwerkzeuge kommen Schappen, Schnecken, Kernrohre und Bohreimer zum Einsatz. Trockenbohren ist auch ohne Kellystange, z.B. mit einer Endlosschnecke möglich. Durch die verschiedenen Werkzeuge eignen sich Trockendrehbohrverfahren für alle Bodenarten. Die Bohrleistung von drehenden Bohrverfahren ist wesentlich höher, als die der zuvor aufgeführten Schlagbohrverfahren. Dafür ist zur Durchführung wesentlich mehr Technik erforderlich und der Verschleiß an den Bohrwerkzeugen steigt. (Ulrich & Ulrich, 2018) Proben werden in der Regel durchgehend gewonnen, eine Probeentnahme mit einem Entnahmegerät nach Abschluss der Bohrung ist ebenfalls möglich. (DIN EN ISO 22475-1:2006 (D), 2007) Einige Trockendrehbohrverfahren wie z.B. Vollverdränger

(Full Displacement Pile, FDP) spielen im Bereich des Baugrundaufschlusses keine Rolle, sie werden in dieser Arbeit vernachlässigt.

Wie bereits erwähnt, werden Kellybohrverfahren mit Hilfe einer Kellystange zur Kraft- und Drehmomentübertragung durchgeführt. Der Name der Kellystange leitet sich von einem amerikanischen Ingenieur ab, welcher diese Technik im Bereich der Erdölbohrungen in den 1920er Jahren erfand und etablierte. Kellystangen stellen ein Schlüsselelement in der modern hydraulischen Drehbohrtechnik dar. Die Kellystangen sind in der Regel teleskopierbar, sodass trotz einer Gerätehöhe von unter 30 m Bohrtiefen von bis zu ca. 90 m erreicht werden können. Abbildung 8 zeigt ein Großdrehbohrgerät und den Aufbau einer Kellystange im Detail. Kellybohrungen werden verrohrt durchgeführt, die Verrohrungsanlage kann separat oder an Bohrmaschine angeschlossen sein. (Ulrich & Ulrich, 2018)

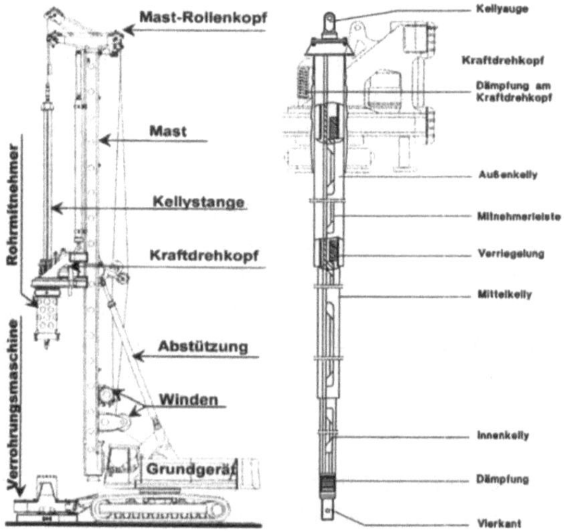

Abbildung 8: Großdrehbohrgerät und Kelllystange im Detail, (Buja, 2009)

7.2.1 Bohren mit Normalschnecke (Kurzschnecke)

Normal- bzw. Kurzschnecken kommen als Bohrwerkzeuge am Ende einer Kellystange zum Einsatz. Die Schnecken haben Längen von 1 bis 2 Metern. Im Baugrundaufschluss sind Durchmesser bis 300 mm üblich, für andere Zwecke sind Großbohrgeräte mit Durchmessern bis 2500 mm möglich. Nachdem die Verrohrung abgeteuft wurde, wird die Schnecke mit maximalem Vorschub und niedriger Drehzahl in den Boden gedreht. Hierbei sollte sich die Schneckenwendel im Idealfall lückenlos füllen um bestmögliche Probeergebnisse zu erhalten. Nach vollständigem Eindringen in den Boden wird die

Schnecke ohne oder mit nur geringer Umdrehung aus dem Boden gezogen. Die erst Untersuchungen des Bodens finden direkt an der Bohrschnecke vor der Entleerung statt. Bei einer lückenlosen Füllung lassen sich so Bodenarten und Schichten gut erkennen. Anschließend wird das Bohrgut durch einen Schneckenputzer oder durch Abschütteln entfernt. Bei Bedarf kann das Bohrgut weiter untersucht werden. (Buja, 2009) Dieser Vorgang lässt sich mehrfach im selben Bohrloch wiederholen, bis die gewünschte Tiefe erreicht ist. Alternativ lassen sich auch kontinuierliche Bodenproben gewinnen, dazu eignen sich allerdings Endlosschnecken besser, siehe Abschnitt 7.2.3.

Die Norm (DIN EN ISO 22475-1:2006 (D), 2007) gibt für Gestänge mit Schnecke oder Schappe Bohraußendurchmesser von 100 bis 2000 mm an. Bevorzugt einsetzbar ist das Verfahren laut Norm für alle Böden oberhalb des Grundwasserspiegels, für bindige Böden auch unterhalb des Grundwasserspiegels. (Buja, 2009) bestätigt dies und spricht vom Einsatz in trockenen- bis erdfeuchten Böden. Ungeeignet ist das Verfahren laut (DIN EN ISO 22475-1:2006 (D), 2007) für Blöcke größer als $D_e/3$. Erreichbar sind Proben der Kategorie B mit Güteklasse 3 bis 4. Schneckenbohrungen lassen sich auch als Kleinbohrverfahren von Hand durchführen. Dies ist in Sand und Kies, sowie unter Wasser auch in bindigen Böden, möglich. (Dachroth, 2017) Es ergeben sich Proben der Güteklasse 5. (DIN EN ISO 22475-1:2006 (D), 2007)

7.2.2 Probeentnahme mittels Hohlbohrschnecken.

Wie der Name andeutet, unterscheiden sich Hohlbohrschnecken von normalen Bohrschnecken durch ein im Zentrum der Schnecke liegendes Zentralrohr. Die Hohlbohrschnecke wird wie die Normalschnecke in den Boden eingedreht. Nachdem die notwendige Teufe erreicht wurde, wird der Zentralbohrer über ein Gestänge geöffnet und ausgebaut, die Bohrspitze geht dabei nicht verloren. Durch das Zentralrohr kann anschließend mit Hilfe eines Kernrohres oder anderen Entnahmegerätes eine Bodenprobe von der Bohrlochsohle entnommen werden. (DIN EN ISO 22475-1:2006 (D), 2007) (Buja, 2009)

Es ergeben sich qualitativ hochwertige Bodenproben, (Buja, 2009) gibt Güteklasse 2-3 an, die DIN-Norm (DIN EN ISO 22475-1:2006 (D), 2007) macht die selben Angaben wie zur Normalschnecke. Hohlbohrschnecken lassen sich exzellent mit Entnahmegeraten kombinieren, so lassen sich sogar Sonderproben gewinnen. Die DIN-Norm gibt eine Eignung des Verfahrens für bindige Böden sowie für organische Böden an, (Buja, 2009) bestätigt dies.

Als Richtwert für den Bohraußendurchmesser wird in der Norm 100 bis 300 mm angegeben. Als maximal erreichbare Teufe gibt (Buja, 2009) 25 m an.

Herr Schäfer von Terrasond gibt an, dass Hohlbohrschnecken insbesondere für die Räumung von Kampfmitteln genutzt werden. (Schäfer, 2019)

7.2.3 Endlosschneckenbohren

Mit Endlosschnecken lässt sich im Vergleich zu den anderen Kellyverfahren das Bohrgut in einem Arbeitsgang lösen und fördern. (Ulrich & Ulrich, 2018) Dies ermöglicht die durchgehende Gewinnung von Proben. Die Wendel wirkt dabei als Förderschnecke und transportiert kontinuierlich Bohrgut an die Oberfläche. Abbildung 9 zeig ein Bohrgerät mit Endlosschnecke. Die am Bohrlochmund gewonnen Proben sind allerdings gestört. (DIN EN ISO 22475-1:2006 (D), 2007)

Bei Endlosschnecken mit großer Hohlseele, die mit Verdrängung arbeiten, wird dasselbe Verfahren wie mit Hohlbohrschnecken angewendet, siehe Abschnitt 7.2.2.

Die DIN-Norm (DIN EN ISO 22475-1:2006 (D), 2007) differenziert das Bohren mit Endlosschnecke nicht von dem Bohren mit Normalschnecke und Kellystange bzw. vom Verfahren mit Hohlbohrschnecke. Daher gelten die gleichen Empfehlungen, siehe hierzu Abschnitte 7.2.1 und 7.2.2.

Schneckenbohren kann verrohrt und unverrohrt durchgeführt werden, die englischen Fachbegriffe lauten Continuous Flight Auger (CFA) für Endlosschneckenbohren und Cased Continuous Flight Auger für (CCFA) für verrohrtes Endlosschneckenbohren. (Ulrich & Ulrich, 2018)

Endlosschnecken spielen im Baugrundaufschluss normalerweise eine untergeordnete Rolle und werden für andere Einsätze wie Pfahlgründungen verwendet. Im Falle von tiefen Bohrungen oberhalb des Grundwasserspiegels in rolligen Böden können sie für den Baugrundaufschluss interessant werden.

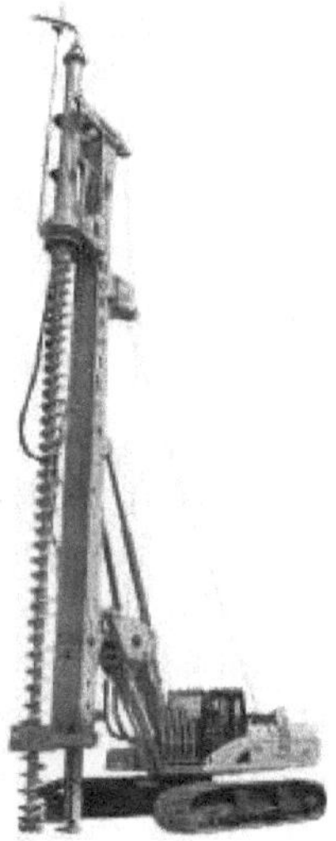

Abbildung 9: Bohrgerät mit Endlosschnecke

(BORAMTECH Drilling Piling GmbH)

7.2.4 Drehbohren mit Schappen (Bohreimer)

Außer Bohrschnecken sind Bohreimer und Schappen die gängigsten Werkzeuge im Bereich des Trockendrehbohrens (Kellybohrens). Diese Werkzeuge werden an das Ende einer Kellystange montiert, welche die Kraft überträgt. Siehe hierzu auch Abschnitt 7.2. Das Bohrgut wird bei diesen Verfahren nicht kontinuierlich gefördert. Für Lösen und Fördern sind zwei Arbeitsgänge notwendig, welche nacheinander durchgeführt werden. Die Verfahren werden nur verrohrt durchgeführt. (Ulrich & Ulrich, 2018) Bohreimer stellen eine Spezialversion der Schappe dar und werden in der Regel für Bohrungen mit größeren Durchmessern benutzt, siehe Abbildung 11. Sie spielen in der Baugrunderkundung eine untergeordnete bis keine Rolle, in der DIN-Norm (DIN EN ISO 22475-1:2006 (D), 2007) besitzen sie keine eigenen Regelungen.

Klassische Schappen werden in bindigen Böden eingesetzt, sie bestehen aus einem meist geschlitzten Rohr mit einer Schneide am unteren Ende, siehe Abbildung 10. Mit ihnen lassen sich nur stark gestörte Bodenproben der Güteklasse 5 entnehmen. (Dachroth, 2017)

In nicht bindigen Böden kommen zweischneidige Schappen mit innenliegender Ventilklappen zum Einsatz. (DIN EN ISO 22475-1:2006 (D), 2007)

Die Schappen werden genau wie die Bohrschnecken bis auf fast vollständige Länge in den Boden gedreht. Dabei ist eine seitliche Verdrängung des Bodens zu minimieren. Anschließend wird das Bohrwerkzeug vollständig aus dem Boden entnommen und entleert.

Die DIN-Norm (DIN EN ISO 22475-1:2006 (D), 2007) führt das Bohren mit Schappen nicht separat auf, sondern erfasst es zusammen mit dem Bohren mit Normalschnecke. Daher gelten dieselben Empfehlungen für den Einsatz, siehe hierzu Abschnitt 7.2.1, zweiter Absatz.

Während die (DIN EN ISO 22475-1:2006 (D), 2007) dort von Proben der Güteklasse 3-4 spricht, gibt (Dachroth, 2017) für Schappen Proben der Güteklasse 5 und (Buja, 2009) der Güteklasse 4 an. Diese Abweichung basiert darauf, dass die Angabe in der DIN-Norm verschiedene Werkzeuge umfasst und sich mit Normalschnecken qualitativ höherwertige Proben als mit Schappen gewinnen lassen.

Bohrungen mit Schappe lassen sich auch als Kleinbohrverfahren durchführen. (Dachroth, 2017)

Abbildung 10: Verschiedene Bohrschappen

Abbildung 11: Bohreimer

(Brunnenbauwerkzeug, kein Datum)

(EMDE Bohrtechnik Nentershausen GmbH, kein Datum)

7.2.5 Rotations-Trockenkernbohrverfahren

Kernrohre (Core Barrel) für drehende Kernbohrungen verfügen über eine Schneidkrone am unteren Ende, damit werden sie unter Druck in den Boden gedreht. Trockenkernbohren wird normalerweise in bindigen Böden und mit speziellen Bohrköpfen im Fels angewendet. Die Anwendung im Fels ist in der DIN-Norm separat geregelt. Mit dem Einsatz einer Hohlbohrschnecke, siehe Abschnitt 7.2.2, ist das Verfahren auch in sandigen und organischen Böden anwendbar, für noch gröbere Böden ist es laut (DIN EN ISO 22475-1:2006 (D), 2007) ungeeignet. Ohne Hohlbohrschnecke ist eine Verrohrung erforderlich.

Einfachkernrohre haben Durchmesser von 100 bis 200 mm, in Kombination mit Hohlbohrschnecken bis zu 300 mm. Proben erreichen je nach Bodenart Güteklasse 4 – 2. Die Proben sind in der Regel in der Mitte gut, aber im Äußeren ausgetrocknet. (DIN EN ISO 22475-1:2006 (D), 2007)

Bohren im Fels ohne Spülhilfe ist nur bedingt möglich, da das aufkommende Bohrklein nicht abtransportiert werden kann und zu Blockierungen führt. Bei Kernbohrungen wird nur ein kleiner Ringraum mit sehr hohem Anpressdruck in den Felsen geschnitten, da eine Vollbohrung aus besagten Gründen nicht möglich wäre. So liegt auch die maximal erreichbare Kernlänge bei nur 80 cm. In der Regel werden nur Proben der Länge 30 bis 50 cm entnommen. Auf Grund dieser Unwirtschaftlichkeit kommen Kernbohrverfahren ohne Spülung im Fels nur sehr selten zum Einsatz. (Buja, 2009)

Die (DIN EN ISO 22475-1:2006 (D), 2007) gibt für Rotationskernbohren im Fels eine Eignung für weichem, erosivem und wasserempfindlichem Fels bei möglichen Bohrlochdurchmessern von 70 bis 200 mm an. Hierbei kommt der Verzicht auf eine Spülung zugute. Erreichbar sind Proben der Kategorie B, in Einzelfällen auch Proben der Kategorie A.

Herr Schäfer von Terrasond gab im Interview an, dieses Verfahren vor allem bei engen Arbeitsbedingungen zu verwenden. So ist die notwendige Gerätehöhe beim Trockenrotationskernbohren wesentlich geringer als beim Rammkernbohren mit dem Düsterlohhammer. Abbildung 12 zeigt verschiedene Rotationskernrohre der Firma Terrasond. (Schäfer, 2019)

Abbildung 12: Kernrohre für den Rotationsbetrieb, eigene Aufnahme

7.2.6 Rollenmeißelkernrohre

Ein Rollenmeißelkernrohr (Abbildung 13) stellt eine Abwandlung eines Trockenkernrohres dar. Beim Rollenmeißelkernrohr wird ein Lufthebeverfahren zur Förderung des Bohrkleins verwendet. Damit erfüllt es die Voraussetzung eines Trockenbohrverfahren nicht ganz, allerdings wird keine Spülung verwendet. (Buja, 2009)

Die Absaugung des Bohrkleines erfolgt kontinuierlich über mehrere Rohre, das Bohrklein landet dabei zunächst in einem Auffangbehälter und nicht an der Oberfläche. Wenn der Behälter voll ist, muss das Gerät gezogen und der Behälter entleert werden. Die Bohrdurchmesser betragen 700 bis 1500 mm die Ringraumbreite allerdings nur 150 bis 200 mm. Der Aufbau ist in Abbildung 14 dargestellt. (Buja, 2009)

Rollenmeißelkernrohre werden ausschließlich im Fels verwendet. Sie haben den erheblichen Vorteil gegenüber dem konventionellen Trockendrehbohren, dass es nicht zu den in Abschnitt 7.2.5 beschriebenen Problemen durch Verstopfung des Bohrloches mit Bohrklein kommt. Dadurch sind größere Teufen und auch ein Einsatz in sehr hartem Fels ist möglich. (Buja, 2009)

Das Verfahren wird drehend mit Hilfe einer Kellystange und eines Großdrehbohrgerätes durchgeführt. Ein Kraftdrehkopfgerät für den Baugrundaufschluss wäre nicht in der Lage das erforderliche Drehmoment und den Andruck aufzubringen. (Buja, 2009)

In der DIN-Norm (DIN EN ISO 22475-1:2006 (D), 2007) werden Rollenmeißelkernrohre nicht von anderen Rotationskernbohrverfahren ohne Spülung unterschieden. Die Einsatzgrenzen und Empfehlungen finden sich in Abschnitt 7.2.5.

Abbildung 13: Ansicht Rollenmeißelkernrohr,

(Buja, 2009)

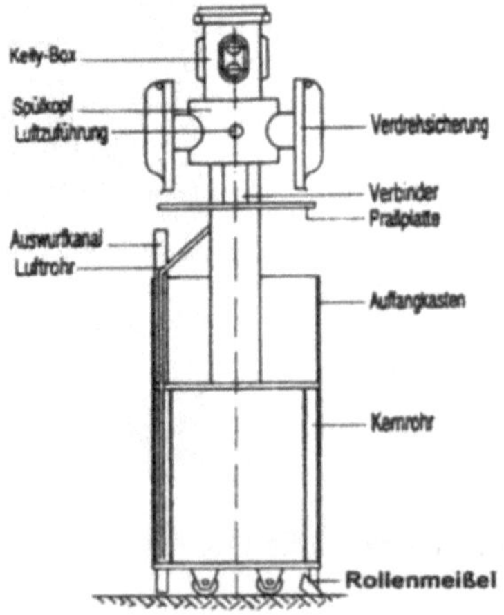

Abbildung 14: Aufbau Rollenmeißelkernrohr, (Buja, 2009)

7.3 Rammkernbohrverfahren ohne Spülhilfe

Mit Rammkernbohrungen lassen sich die besten Ergebnisse für durchgehende Proben nach (DIN EN ISO 22475-1:2006 (D), 2007) im Bereich des Trockenbohrens gewinnen. Dabei handelt es sich um ein System, welches erstmals in den 30er Jahren zur Anwendung kam, seitdem ständig verbessert wurde und unterschiedliche Formen ausgebildet hat. (Buja, 2009) Kernrohre (eng. Core Barrel) haben eine unten befindliche Schnittkante, diese kann innen oder außen liegen.

Das Rammkernrohr wird in den Untergrund eingedrückt oder gerammt. Dies kann mit der Hilfe von Rammgewichten am Seil, mit einem Rammbär, mit Rammhammern (Düsterlohhammer) oder mit einem Imlochhammer erfolgen. Die verschiedenen Möglichkeiten werden hier vorgestellt.

In nicht standfesten Böden müssen Rammkernbohrungen verrohrt oder innerhalb einer Hohlbohrschnecke erfolgen. Soll die Probe am Boden eines bereits bestehenden Bohrloches entnommen werden, muss die bestehende Verrohrung (oder Hohlbohrschnecke) des Bohrloches nach dem Einrammen des Kernrohres nachgedrückt werden, bevor die Probe gefördert wird, man spricht dabei von Überbohrtechnik. (Buja, 2009)

Rammkernbohrungen können, falls sie auf Fels treffen, problemlos als Seilkernbohrung mit Spülhilfe im selben Loch mit der vorhandenen Verrohrung fortgesetzt werden. (Buja, 2009)

Nach vollständigem Eindringen des Rammkernrohrs und anschließendem Überbohren wird die Probe gezogen, dies kann über eine Seilwinde oder hydraulisch erfolgen.

Manche Kernrohre haben gesonderte Entnahmestutzen für ungestörte Sonderproben. Die Probe wird im Rammkernrohr durch eine Sicherung zurückgehalten, dies ist besonders in nicht bindigen Böden erforderlich. (Dachroth, 2017)

Laut Herr Schäfer von Terrasond sind Rammkernbohrverfahren die am gängigsten Bohrverfahren im Baugrundaufschluss. Es lassen sich in der Regel ausreichende Bohrleistung mit guten Proben unter geringen Kosten erzielen. Nur bei großen zu erreichenden Teufen oder beim Arbeiten im Fels oder in sehr groben Böden ergibt sich eine Angewiesenheit auf Drehbohrverfahren und/ oder Spülhilfen. (Schäfer, 2019)

Rammkernrohre mit innenliegender Schnittkante werden in der DIN-Norm für Ton, Schluff und Böden mit Korndurchmesser bis höchstens $D_e/3$ empfohlen. Für eine Nutzung in Böden mit größeren Korndurchmessern oder feingeschichtete Böden wie z.B. Warven sind sie dagegen ungeeignet. Der Richtwert für den Bohraußendurchmesser ist 80 bis 200 mm. In bindigen Böden sind Proben der Kategorie A, in Güteklasse 1 bis 2 erreichbar. In nicht bindigen Böden Proben der Kategorie B mit Güteklasse 2 bis 3. (DIN EN ISO 22475-1:2006 (D), 2007) Diese Angaben werden von (Dachroth, 2017) bestätigt.

Rammkernrohre mit Schnittkante außen empfiehlt die DIN-Norm für Kies und Böden mit einem Höchstkorndurchmesser von $D_e/3$. Die Richtwerte für den Bohraußendurchmesser betragen 150 bis 300 mm. Erreichbar sind Proben der Kategorie B in der Güteklasse 4. (DIN EN ISO 22475-1:2006 (D), 2007)

Rammkernbohrverfahren lassen sich auch als Kleinbohrverfahren durchführen. (Dachroth, 2017) (DIN EN ISO 22475-1:2006 (D), 2007)

Die Art des Rammverfahrens, die gewählt wird, ist für die Einteilung der Proben und alle weiteren Angaben und Empfehlungen in der DIN-Norm (DIN EN ISO 22475-1:2006 (D), 2007) ohne Belang. Diese Verallgemeinerung führt zu Abweichungen der Norm gegenüber den Literatur- und Praxisangaben zu den einzelnen Verfahrensarten.

Ein Vorteil der gewonnenen, weitestgehend ungestörten Proben ist, dass sie absolut teufengerecht sind. Abbildung 15 zeigt ein typisches Bohrgerät für Rammkernbohrungen.

Abbildung 15: Rammkernbohrgerät der Firma Terrasond vor Bohrung auf der Hafeninsel in Offenbach, eigene Aufnahme

7.3.1 Rammhammerverfahren (Düsterlohhammer)

Das Rammhammerverfahren ist vor allem im süddeutschen Raum weit verbreitet. Dies hat sowohl mit Tradition als auch mit den tertiären und quartären Böden am Rheingraben und in den Vorgebirgen zu tun. Dabei hat sich besonders der 1950 von Dr. Herbold für die Fa. Düsterloh entwickelte Düsterlohhammer hervorgetan. Dieser wurde in den folgenden Jahren von vielen Herstellern aufgegriffen, modifiziert und verbessert. Der Name Düsterlohhammer hat sich mit der Zeit allerdings auch marktübergreifend für luftbetriebene Rammhammer durchgesetzt. Beim Rammhammerverfahren handelt es sich um eins der bedeutendsten Verfahren im Baugrundaufschluss. (Buja, 2009)

Der seilgeführte Drucklufthammer, siehe Abbildung 16, wird am unteren Ende mit einem Kernrohr mit Rammschappe verbunden. Für den Betrieb ist ein Kompressor und Schläuche für Zu- und Abluft erforderlich. Die eingesetzten Kernrohre verfügen über keinen PVC-Inliner. Die Kernrohre haben üblicherweise Durchmesser von 120-280 mm. (Buja, 2009)

Rammhammer (Düsterlohhammer) werden für Untersuchungsbohrungen, Pegelbohrungen und die Entnahme ungestörter Bodenproben verwendet. (Buja, 2009)

Abbildung 16: Bohrgerät der Firma Terrasond mit Düsterlohhammer (markiert), eigene Aufnahme

Zunächst wird das ca. 1 Meter lange Kernrohr mit dem Rammhammer in den Boden gerammt. Anschließend wird das Kernrohr mit der Verrohrung überbohrt. Der Durchmesser der Verrohrung ist dabei an den Durchmesser des Kernrohres angepasst. Das Einbringen der Verrohrung kann mit einem Verrohrungsdrehtisch oder mit dem Kraftdrehkopf erfolgen. Früher wurde die Verrohrung teilweise auch eingerammt. Mit Hilfe von kleinen Vorbohrungen kann auch mit der Verrohrung begonnen werden. Bei großen Teufen wir die Verrohrung telekopiert. (Buja, 2009) (Schäfer, 2019)

Anschließend wird Kernrohr samt Rammhammer mit der Seilwinde vorsichtig gelöst und ausgebaut. Die Entleerung des Kernrohres erfolgt mit der Hilfe von Druckluft. Die Probe wird in einen Auffangbehälter entleert, siehe Abbildung 17. Teilweise wird auf das Abschrauben des Schneidschuhs und auf die Verwendung von Fangvorrichtungen verzichtet. Dadurch werden Beschädigungen am Federkorb verhindert. Das eigentliche Entleeren wird allerdings dadurch erschwert. Die Proben werden bei diesem Verfahren lose gewonnen und in speziellen Probenkisten, siehe Abbildung 18, eingelagert. Dies geschieht teufengerecht, die Kisten werden nach DIN-Norm beschriftet. (Buja, 2009) (Schäfer, 2019)

Diese Vorgehensweise wird so lange wiederholt, bis die gewünschte Bohrlochtiefe erreicht ist. Somit liegt eine durchgehende Probe über den gesamten Bohrabschnitt vor.

Da die Proben nicht als geschlossener Kern entnommen und eingelagert werden entsprechen die Proben der GKL 2-3, je nach Bodenart und Wasserstand sogar nur der Güteklasse 4. Sollte dennoch eine Sonderprobe der GKL 1 gefordert sein, was eigentlich nur mit den anderen Rammbohrverfahren möglich ist, bietet sich die Kombination mit einem Entnahmegerät auf der Bohrlochsohle an. Dazu muss die Bohrlochsohle vorher gereinigt werden. Sonderproben sind Luftdicht zu verschließen und Normgerecht zu beschriften. (Buja, 2009)

Abbildung 17: Probeentnahme am Rammkernrohr mit Düsterlohhammer, eigene Aufnahme

Abbildung 18: Entnommene Bodenprobe in speziellen Probenkisten, eigene Aufnahme

Herr Schäfer von Terrasond gibt das Rammkernbohren mit dem Düsterlohhammer als das Standardbohrverfahren seiner Firma an. Dies begründet er vor allem mit der Zweckmäßigkeit des Verfahrens. Nach seiner Aussage lassen sich gute Proben günstig und einfach gewinnen. Die Firma Terrasond verfügt über Düsterlohhämmer mit 200 Kg Fallgewicht. Mit Kernrohren mit 140 mm Durchmesser gewinnt Terrasond Proben von 100 mm Durchmesser. Als erreichbare Teufe gibt Schäfer 50 m, bei guten Bedingungen bis zu 80 m, an. Dies stimmt mit den Literaturangaben von (Buja, 2009) überein. (Schäfer, 2019)

Dieses Verfahren kann ebenfalls in Verbindung mit einem Imlochhammer angewendet werden. Dabei ist der Kerndurchmesser jedoch auf 100 mm beschränkt und das Verfahren ist in geröllhaltigen Böden nicht einsetzbar. Desweitern ist im Kernrohr ein PVC-Inliner erforderlich. (Buja, 2009)

7.3.2 <u>Rammbohrverfahren mit Seilschlagwerk nach Nordmeyer</u>

Dieses Verfahren wurde Bohrgerätehersteller Nordmeyer aus Peine speziell für den Einsatz mit Hohlbohrschnecken entwickelt. Ein Einsatz mit klassischer Verrohrung ist allerdings auch möglich. Ziel des Verfahrens ist es durchgehend gekernte Proben nach DIN-Norm (DIN EN ISO 22475-1:2006 (D), 2007) zu gewinnen. Vorteile gegenüber dem Rammhammerverfahren sind, das kein Kompressor und keine starke Seilwinde zum ziehen des Kernrohres notwendig ist. (Nordmeyer Drilling Equipment, 2019)

Zunächst muss mit einer Hohlbohrschnecke bis auf die gewünschte Tiefe vorgebohrt werden, der Boden wird dabei teils verdrängt und teils gefördert. Anschließend wird die Verbindung der Schnecke zum Kraftdrehkopf gelöst und die Bohrspitze mit Klinkenvorrichtung gezogen. Dadurch kann innerhalb der Hohlbohrschnecke eine Probe gezogen werden. (Buja, 2009)

Anschließend wird das Rammkernrohr mit seilgeführter Fangvorrichtung in die Hohlbohrschnecke gehoben. Es wird ausgeklinkt und fällt dann im freien Fall auf die Bohrlochsohle, diese sollte vorher gereinigt werden. Danach wir das Rammgewicht von etwa 100- 300 Kg am Seilschlagwerk in die Hohlbohrschnecke eingeführt und damit das Kernrohr 1 m tief in den Boden eingetrieben. (Nordmeyer Drilling Equipment, 2019) (Buja, 2009)

Nach dem Rammen wird das Rammgewicht ausgebaut und das gefüllte Kernrohr bis kurz vor die Unterkante mit der Hohlbohrschnecke überbohrt. Anschließend wird das Kernrohr mit Hilfe der Fangvorrichtung gezogen und der Kern entnommen. An der neuen Bohrlochsohle kann das Verfahren wiederholt werden. Beim Arbeiten im Grundwasserbereich wird die Hohlbohrschnecke ebenfalls mit Wasser gefüllt. (Buja, 2009)

Eine Durchführung des Verfahrens mit Rammgewicht und Seilwinde ist ebenfalls ohne Hohlbohrschnecke und unter Einsatz einer klassischen Verrohrung möglich. Der Nachteil dabei ist, dass mit dem Kernbohren an der Erdoberfläche begonnen werden muss. Die Entnahme von Proben aus tiefen Schichten ist somit extrem Zeitaufwändig.

Die Wahl des Rammgewichtes und des Durchmessers werden an Bodenverhältnisse, Mastlänge und Hohlbohrschnecke angepasst. (Nordmeyer Drilling Equipment, 2019)

Eine spezielle Entnahmevorrichtung beschleunigt und erleichtert den Ein- und Ausbau des Kernrohres. Das Kernrohr verfügt über ein PVC-Innenkernrohr, dieses wird entnommen, mit zwei Kappen verschlossen und mit Wachs versiegelt. Abbildung 19 zeigt die Entnahmevorrichtung mit Rammkernrohr.

Abbildung 19: Entnahmevorrichtung mit RKR, (Nordmeyer Drilling Equipment, 2019)

7.3.3 Rammkernbohrverfahren mit Freifallrammbär nach Celler

Das Rammkernbohrverfahren nach Celler ähnelt dem Verfahren nach Nordmeyer und bildet die Basis dieses Verfahrens sowie von vielen weiteren modernen Bohrverfahren. Der Arbeitsablauf und die Geräte sind aber in allen wesentlichen Merkmalen identisch und werden hier vorgestellt. (Buja, 2009)

Ein Rammkernrohr mit an den Boden angepasster Krone und Fangfedern wird mit der Hilfe eines seilgeführten Rammbären in den zu untersuchenden Boden eingetrieben.

(Abbildung 20a) Die Kernrohre sind in etwa 1 Meter lang und verfügen über einen PVC-Inliner. Nach dem vollständigen Einbringen wird der Rammbär ausgebaut und das Kernrohr überbohrt. (Abbildung 20b) Dabei soll die Endteufe nicht überbohrt werden, um tiefere Proben nicht zu verfälschen. Nach dem Verrohren kann das Kernrohr über die Seilfangvorrichtung geborgen werden. (Abbildung 20c) (Buja, 2009)

Rohrschuh und Fangring werden nach der Entnahme des Kernrohres abgeschraubt und die PVC-Hülse samt Probe wird entnommen. Diese kann direkt geotechnischen Untersuchungen zugeführt werden oder für spätere Untersuchungen versiegelt werden. (Buja, 2009)

Laut Celler Brunnenbau sind unter idealen Bedingungen Teufen bis 150 m möglich.

Dieses Verfahren ist auch für größere Kernrohrdurchmesser, als die üblichen von rund 100 mm, geeignet. Es sind Kerne von 245 mm bei einem Bohrdurchmesser von 350 mm möglich. Für die entsprechend starke Verrohrung ist allerdings ein Verrohrungsdrehtisch zwingend erforderlich oder es muss eine Spülhilfe für das Einbringen zum Einsatz kommen. (Buja, 2009)

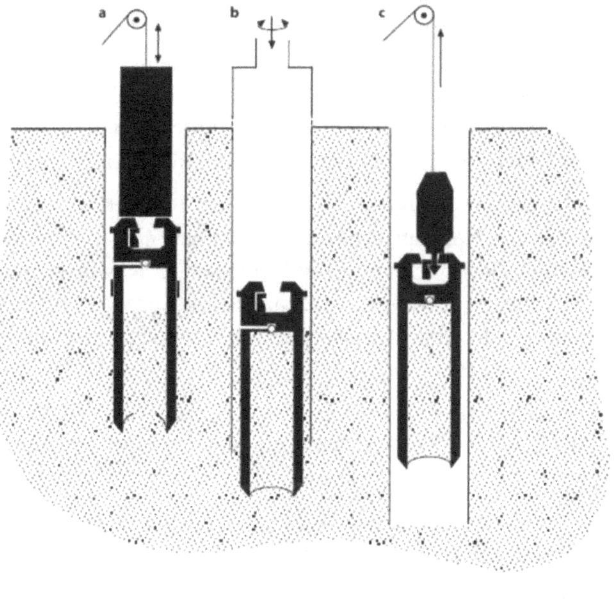

Abbildung 20: Rammkernbohren nach Celler, (Dachroth, 2017)

7.3.4 Rammkernbohrungen als Kleinbohrverfahren

Rammkernbohrungen lassen sich auch als Kleinbohrverfahren durchführen, dabei wird mit einem Hammer, motorbetriebenem Schlagbohrer oder Rammbär ein halboffenes Rohr oder eine Schlitzstange in den Boden eingetrieben. Das Gerät wird anschließend von Hand oder mit leichtem Bohrwerkzeug gezogen. Es lassen sich Bodenart und Schichtenfolge bis in 6 Meter Tiefe erkunden. (In weichen Böden bis 12 Meter) (Dachroth, 2017)

Die DIN-Norm gibt als bevorzugte Einsatzmöglichkeiten für Kleinbohrverfahren Böden mit Korndurchmessern bis $D_e/5$ an, ungeeignet sind sie für Böden mit Korndurchmesser größer $D_e/2$. Als Richtwert für den Bohraußendurchmesser gibt die DIN-Norm 30 bis 80 mm an. Es sind Proben der Kategorie C in Güteklasse 5 erreichbar. (DIN EN ISO 22475-1:2006 (D), 2007) Laut (Dachroth, 2017) gibt es Kleinbohrverfahren ab Außendurchmessern von 22 mm. Außerdem wird als erreichbare Güteklasse 3 bis 4 angegeben.

7.4 Vibrationsbohrverfahren (Sonic Drilling)

Das Vibrationsbohrverfahren (eng. Sonic Drilling) stammt aus den USA, dabei wird ein Rohr mit Bohrkrone am unteren Ende vibrierend in den Boden oder weichem Fels eingebracht. Die Schwingungsenergie wird zusätzlich zum Anpressdruck verwendet, ein Eindrehen des Bohrmeißels von 1 bis 5 Umdrehungen pro Meter ist zusätzlich möglich. Die Kombination dieser drei Einwirkungen ermöglicht sehr hohe Bohrgeschwindigkeiten. (Ulrich & Ulrich, 2018) (DIN EN ISO 22475-1:2006 (D), 2007)

Vibrationsbohrverfahren müssen von speziellen Bohrgeräten, siehe Abbildung 21, durchgeführt werden. Der Unterschied zu gewöhnlichen Rotarybohrgeräten steckt dabei im Kraftdrehkopf. Dieser erzeugt die hochfrequenten Schwingungen, die auf Bohrgestänge und Bohrmeißel übertragen werden. Die Frequenz wird dabei ständig angepasst und sollte sich mit der Eigenfrequenz des Bohrgestänges decken. (Ulrich & Ulrich, 2018)

(Ulrich & Ulrich, 2018) geben Frequenzen zwischen 50 und 120 Hz an, die DIN-Norm (DIN EN ISO 22475-1:2006 (D), 2007) gibt einen Frequenzbereich zwischen 30 und 150 Hz an.

Das eigentliche Entnahmegerät bzw. Kernrohr ist in der Regel mit einem Innenrohr aus Kunststoff ausgestattet. (DIN EN ISO 22475-1:2006 (D), 2007)

Die Bohrlochverrohrung wird bei Baugrunduntersuchungen im Überspülvorgang (siehe Abschnitt 8.2.5) nachgesetzt. Das eigentliche Bohrverfahren erfolgt jedoch trocken. (Ulrich & Ulrich, 2018)

Als Richtwert für den Bohraußendurchmesser gibt die DIN-Norm (DIN EN ISO 22475-1:2006 (D), 2007) 80 bis 200 mm an. Empfehlungen bezüglich Einsatzmöglichkeiten von Vibrationsbohren gibt sie nicht an. In bindigen Böden sind laut DIN-Norm Proben der Kategorie B von Güteklasse 4, in nicht bindigen Böden Proben der Kategorie C von Güteklasse 5 möglich.

Abbildung 21: Spezialbohrgerät für Vibrationsbohren (Eijkelkamp SonicSampDrill, kein Datum)

8 Bohrverfahren mit Spülhilfe

Spülbohren bezeichnet unabhängig vom Bohrwerkzeug Bohrverfahren, bei denen ein Spülmedium zum Transport des gelösten Bohrguts nach Übertage verwendet wird. Neben dem Transport des Bohrkleins übernimmt die Spülung bei Spülbohrverfahren auch die Abstützung des Bohrloches gegen den Erddruck und hindert das seitliche Erdreich am Einstürzen. Damit übernimmt die Spülung bis auf ein Standrohr am obersten Ende des Bohrlochabschnittes die Aufgabe der Verrohrung des Bohrloches. (Ulrich & Ulrich, 2018) Des Weiteren hilft das Spülmittel beim Kühlen und Schmieren des Bohrwerkzeuges. (Buja, 2009)

Als Spülmedien werden Wasser mit Additiven und/oder Druckluft verwendet. Als Zusatzmittel werden Bentonit (Tonmehl), Methylzellulose, synthetische Polymere wie z.B. Antisol und Gesteinsmehl aus zum Bsp. Kreide oder Schwerspat verwendet. Das Spülmedium muss dabei stehts pump- und filterbar bleiben und in der Lage sein dem aufkommenden Erddruck standzuhalten. Es sollte keine negativen Einflüsse auf Bohrloch und Bohrwerkzeug haben. (Ulrich & Ulrich, 2018) (Dachroth, 2017) (Buja, 2009)

Beim Spülbohren wird zwischen sogenannten direkten und indirektem Spülbohren, welche sich durch eine Druck- bzw. Saugförderung auszeichnen, unterschieden.

Spülbohrverfahren werden in der Regel in besonders harten Böden und Fels eingesetzt, außerdem kommen sie dann zum Einsatz, wenn die gewünschte Endteufe durch Trockendrehbohrverfahren nicht mehr erreichbar ist.

Vollbohrverfahren mit Spülung spielen in der Baugrunderkundung/ bei Baugrundaufschlussarbeiten allerdings eine sehr untergeordnete Rolle, dies liegt daran, dass das mit der Spülung geförderte und vermischte Bohrgut nur stark gestörte Proben liefert. Qualitative Proben lassen sich im Spülbohren nur mit der Hilfe von Kernrohren gewinnen, bei den die Bodenprobe vorm Spülkreislauf geschützt ist. Die Kernrohre werden in der Regel mit Hilfe von drehenden Bohrverfahren mit direkter Spülung verwendet. Ein Rammrotationskernbohrverfahren ist ebenfalls möglich. Einige veraltete, sehr seltene oder für den Baugrundaufschluss komplett ungeeignete Spülbohrverfahren wie z.B. Strahlsaugbohren (Jet Drilling) oder Drehschlagbohren werden in dieser Arbeit nicht vorgestellt.

8.1 Vollbohrverfahren mit Spülhilfe

8.1.1 Direktes Spülbohren (Rotary Drilling)

Beim direkten Spülbohren, auch Druckspülbohren genannt, handelt es sich um ein Vollbohrverfahren, die wie bereits erwähnt im Baugrundaufschluss eine untergeordnete

Rolle spielen. Trotzdem lassen sich mit dem direkten Spülbohren durchgehende Bodenproben gewinnen. (Buja, 2009) (DIN EN ISO 22475-1:2006 (D), 2007) Normalerweise wird direktes Spülbohren für die Erschließung von Wasser, Erdöl, Erdgas und geothermischer Energie verwendet. (Dachroth, 2017) Es lassen sich große Teufen von über 1000m erreichen. (Buja, 2009) Populär wurde dieses Verfahren Anfang des 20. Jahrhundert in den USA wo es für die beginnende großangelegte Förderung von Erdöl verwendet wurde. (Ulrich & Ulrich, 2018)

Das direkte Spülbohren wird auch als Rechtsspülung bezeichnet, dabei wird das Spülmedium durch ein Rohr im Bohrgestänge zum Bohrmeißel gepumpt und tritt dort in Spülkanälen Richtung Bohrlochsohle aus. Auf der Bohrlochsohle vermischt sich die Spülung mit dem gewonnenen Bohrklein und wechselt die Richtung. Spülung samt Bohrklein wandern anschließend im Ringraum zwischen Wand des Bohrloches und dem Bohrgestänge an die Oberfläche. An der Oberfläche angekommen landet die Spülung mit gelöstem Bohrklein in einem Spülbecken in dem das Bohrgut mittels Sieben und Abscheidevorrichtungen wieder von der Spülung getrennt wird. Die gereinigte Spülung wird dem Bohrkreislauf wieder zugeführt. Insbesondere in lockern Böden kommt es zu Spülungsverlusten die Ersetzt werden müssen. Der Ablauf ist in Abbildung 22 vereinfacht illustriert. (Ulrich & Ulrich, 2018)

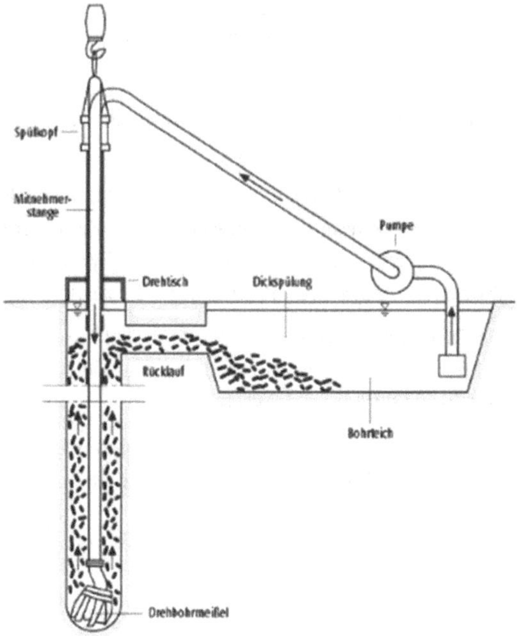

Abbildung 22: Veranschaulichung direktes Spülbohren

(GeoDZ, kein Datum)

Der durch die Spülung erzeugte Überdruck macht eine Verrohrung normalerweise überflüssig, nur beim Arbeiten mit Spülungen ohne Zuschläge wie z.B. Bentonit in Böden mit hohen Spülverlusten kann eine Verrohrung sinnvoll sein um hohe Verluste zu vermeiden. (Buja, 2009)

Als Werkzeuge werden Stufenmeißel (Drag Bit) für lockere Böden und Rollenbohrwerkzeuge (Roller Bit) für mittelharte bis harte Gesteine verwendet. (Ulrich & Ulrich, 2018) Die im Baugrundaufschluss verwendeten Meißel haben in der Regel niedrigere Qualität als Meißel für andere Bohraufgaben. (Buja, 2009)

Das Bohrwerkzeug wird über ein Gestänge mit dem Kraftdrehkopf angetrieben. Der Anpressdruck wird durch das Eigengewicht von Bohrwerkzeug und Gestänge sowie durch zusätzliche Schwerstangen erzeugt. (Ulrich & Ulrich, 2018) Zur Sicherung eines einwandfreien Bohrvorgangs mit geringem Geräteverschleiß und standfestem Bohrloch sind Spülung, Spülverluste und Spülungsdruck ständig zu überwachen. (Dachroth, 2017)

Um Spülproben teufengerecht entnehmen zu können, ist ein Nachfallen und Vermischen des Bohrgutes zu verhindern. Dazu muss die Pumpenleistung sowohl vom Volumen als auch vom Förderdruck so eingestellt werden, dass die Aufstiegsgeschwindigkeit der Spülung im Ringraum mindestens 0,5 m/s beträgt, besser sind 0,7 m/s bis 1,0 m/s (Buja, 2009)

Da das gewonnene Bohrgut bei diesem Verfahren immer mit der Spülung vermischt ist, lassen sich nur stark gestörte Proben gewinnen.

Die DIN-Norm (DIN EN ISO 22475-1:2006 (D), 2007) listet ausschließlich Rotationspülbohrverfahren mit Umkehrspülung (indirekter Spülung). Zu reinem Spülbohren wird in einer Fußnote angegeben, dass nur Proben unterhalb der Güteklasse 5 erreichbar sind. (Buja, 2009) gibt für direktes Spülbohren Proben der Güteklasse 5 an.

Im Fels empfiehlt die DIN-Norm (DIN EN ISO 22475-1:2006 (D), 2007) Bohrdurchmesser von 50 bis 350 mm. Es ist ausschließlich die Entnahme von Bohrklein und somit Proben der Kategorie C und Güteklasse 5 möglich.

Typische Bohrdurchmesser liegen bei Aufschlussbohrungen und sonstigen Bohraufgaben bei 100 bis 300 mm. (Buja, 2009) (Ulrich & Ulrich, 2018)

8.1.2 Indirektes Spülbohren (Reverse Circulation Drilling)

Indirektes Spülbohren spielt wie direktes Spülbohren im Baugrundaufschluss eine untergeordnete Rolle. Dieses Verfahren wird in der Praxis vor allem im Brunnenbau für Durchmesser ab 300 mm verwendet. (Buja, 2009) Trotzdem lassen sich auch mit indirektem Spülbohren durchgehende Bodenproben gewinnen. (DIN EN ISO 22475-1:2006 (D), 2007)

Beim indirekten Spülbohren, auch Saugbohren, Umkehrspülung oder Linksspülung genannt, wird das Bohrklein durch ein kleines Gestänge gemeinsam mit dem Spülstrom an die Oberfläche befördert. Dies geschieht meistens mit Hilfe einer Zentrifugalpumpe, andere Pumpenarten sind ebenfalls möglich. Durch die geringe Größe des Gestänges ergeben sich hohe Aufstiegsgeschwindigkeiten von 2 bis 4 m/s. Die Leitung der Spülflüssigkeit Richtung Bohrlochsohle erfolgt dabei im Ringraum zwischen Bohrgestänge und Bohrlochwand oder innerhalb eines Doppelgestänges. Die Kombination von geringer Sinkgeschwindigkeit mit hoher Aufstiegsgeschwindigkeit sorgt für die Entstehung eines Vakuums und den Saugeffekt der Pumpe. Diese Saugwirkung direkt ins Bohrwerkzeug sorgt für einen optimalen Abtransport des Bohrkleins. Übertage wird, wie beim direkten Spülbohren, das Bohrklein von der Spülung getrennt und die gereinigte Spülung dem Spülkreislauf wieder zugeführt. (Ulrich & Ulrich, 2018) Der Ablauf des Verfahrens ist vereinfacht in Abbildung 23 illustriert.

Als Bohrwerkzeuge kommen Exzenterrollenmeißel, Dreiflügelmeißel und Großlochrollenmeißel zum Einsatz. (Buja, 2009)

Bis auf eine Hilfsverrohrung am oberen Bohrlochende ist bei geeigneter Spülung eine Verrohrung des Bohrloches in der Regel nicht notwendig.

Da der gewonnene Boden wie beim direkten Spülbohren mit der Spülung vermischt ist, ergeben sich nur gestörte Proben. Laut DIN-Norm (DIN EN ISO 22475-1:2006 (D), 2007) sind mit Rotationsspülbohrverfahren mit Umkehrspülung Proben der Kategorie C bis B mit Güteklasse 5 bis 4 möglich. Für das indirekte Spülbohren gibt (Buja, 2009) Proben der GKL 4 an. Des Weiteren empfiehlt die DIN-Norm Rotationsspülbohrverfahren mit Umkehrspülung für alle Bodenarten und gibt als Richtwert für den Bohraußendurchmesser 150 bis 1300 mm an. Bei Fels unterscheidet die DIN-Norm nicht zwischen indirekter und direkter Spülung, es gelten die Empfehlungen aus 8.1.1.

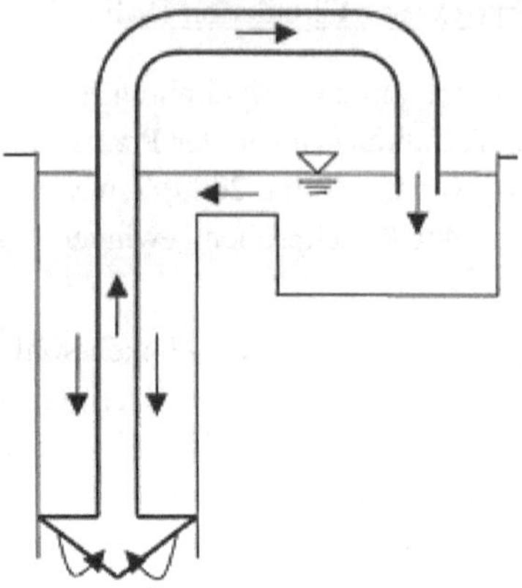

Abbildung 23: Veranschaulichung indirektes Spülbohren (Saugbohren) (Quante, 2016)

8.1.3 Rotarybohrverfahren mit Lufthebesystem (Air Lift Drilling)

Das Rotarybohrverfahren mit Lufthebesystem stellt eine Weiterentwicklung des indirekten Spülbohrens dar. Es eignet sich besonders für große Bohrlochdurchmesser bis 2000 mm und große Bohrtiefen bis 1000 m. Es wird hauptsächlich für Absenk-, Trink- und Mineralwasserbrunnen verwendet. (Buja, 2009) Das Verfahren ist verschleißarm und vor allem bei sehr großen Teufen dem Saugbohrverfahren leistungsmäßig vorzuziehen. (Ulrich & Ulrich, 2018)

Da dieses Verfahren für den Baugrundaufschluss praktisch keine Rolle spielt wird es trotz seiner Komplexität hier nur kurz erläutert:

Das wie beim Saugbohren hohle Bohrgestänge verfügt beim Lufthebesystem zusätzlich über zwei außenliegende Druckluftleitungen, diese münden in einer gewissen Tiefe im Hohlgestänge. Das bedeutet, dass zusätzlich Kompressoren erforderlich sind. Als Spülung wird klares Wasser verwendet. Durch das Einblasen von Druckluft kommt es durch aufsteigende Luftblasen zu einer Gewichtsdifferenz zwischen der äußeren Wassersäule im Ringraum und der inneren Wassersäule im Bohrgestänge. So ergibt sich eine Drei-Phasen-Förderung von Wasser-Luft-Bohrgut. Die geförderte Spülung landet zur Austragung über ein Austragungsknie in einem Spülteich, wo sich die letzten Sedimente absetzen. Nach der Absetzung läuft das Spülwasser durch den äußeren Ringraum zurück zur Bohrlochsohle. (Ulrich & Ulrich, 2018) Für eine Veranschaulichung siehe Abbildung 24.

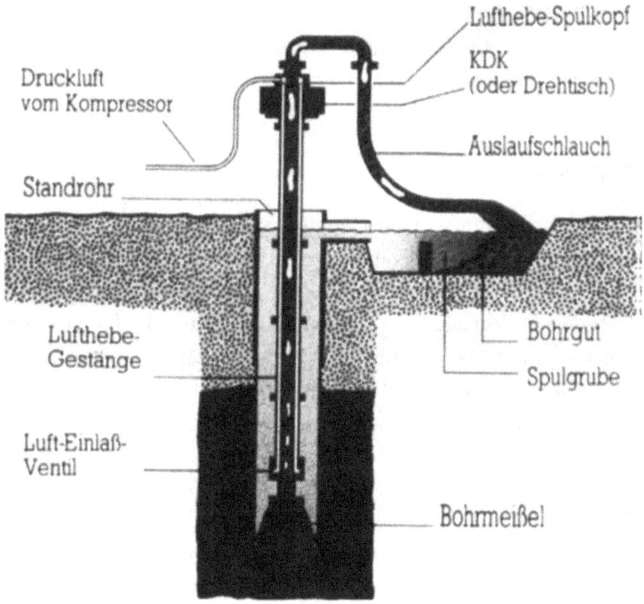

Abbildung 24: Veranschaulichung des Lufthebeverfahrens, (Buja, 2009)

Auf eine Verrohrung kann bis auf ein Standrohr zur Sicherung des Bohrlochmundes verzichtet werden. Allerdings muss darauf geachtet werden, dass das Bohrloch permanent voll Spülung gehalten wird. Auf Spülverluste ist umgehend zu reagieren. (Buja, 2009)

Als Werkzeuge werden in bindigen Böden und Sand Exzenterrollenmeißel verwendet, bei härterem Gestein kommen Großlochmeißel zum Einsatz. (Ulrich & Ulrich, 2018)

Da dieses Verfahren sehr komplex ist und viele veränderliche Parameter aufweist, bedarf es großer Erfahrung bei der Ausführung von Bohrungen und während des Bohrvorgangs einer genauen Überwachung aller maßgebenden Parameter.

Für ein wirtschaftliches Bohren ist für dieses Verfahren eine gewisse Eintauchtiefe notwendig, sodass der erste Abschnitt des Bohrloches (6-10 m) oftmals mit Trockenbohrverfahren vorgebohrt wird. (Ulrich & Ulrich, 2018)

Die gewonnen Bodenproben sind dem Spülteich zu entnehmen und somit stark gestört.

Die DIN-Norm (DIN EN ISO 22475-1:2006 (D), 2007) macht keine separaten Angaben zum Arbeiten mit Lufthebesystem, daher ist von denselben Empfehlungen wie für das indirekte Spülbohren auszugehen (Abschnitt 8.1.2). Sowohl (Buja, 2009) als auch

(Ulrich & Ulrich, 2018) machen keine Angaben zu erreichbarer Güteklasse in diesem Verfahren. Bei Fels unterscheidet die DIN-Norm nicht zwischen indirekter und direkter Spülung, es gelten die Empfehlungen aus 8.1.1.

8.1.4 Counterflushbohrverfahren

Das Counterflushbohrverfahren, auch Gegenstrombohrverfahren genannt, wird überwiegend im Steinsalz- und Kalibergbau als kontinuierliches Kernbohrverfahren eingesetzt. Es stellt eine Abwandlung des indirekten Spülbohrens (Saugbohrens) dar. Die Spülung wird bei diesem Verfahren in den Ringraum unterhalb des Drehpreventers eingepumpt, dies geschieht mit Hilfe einer Kolbenpumpe. Der Preventer verschließt dabei das Bohrloch und dient als Ventil, es wird mit Überdruck gearbeitet. Das abgebohrte Gebirge wird in Form von Cuttings und kurzen Kernen mit dem Spülstrom zum Bohrgut- oder Kernfangsieb transportiert. Die Anwendung des Counterflush-Verfahrens ist nur in stabilem Gebirge ohne nennenswerte Spülverluste möglich. Für die korrekte Herstellung der Abdichtung muss das Standrohr vor Bohrbeginn in das vorgebohrte Bohrloch einbetoniert oder anderweitig abgedichtet werden. Darauf werden dann die Absperrorgane montiert. (Buja, 2009) Abbildung 25 illustriert das Verfahren. (Buja, 2009) (Geologisches Landesamt Baden-Württemberg)

Als Vorteile für den Baugrundaufschluss beim Counterflushbohrverfahren ergeben sich der schnelle Bohrfortschritt und die geringe Bohrbelastung auf Grund des kleinen Schneidquerschnitts, sowie die kontinuierliche Kerngewinnung auch bei Schräg- Horizontal und Aufwärtsbohrungen. Ein weiterer Vorteil ist die geringe Bohrausrüstung auch für größere Teufen. (Buja, 2009)

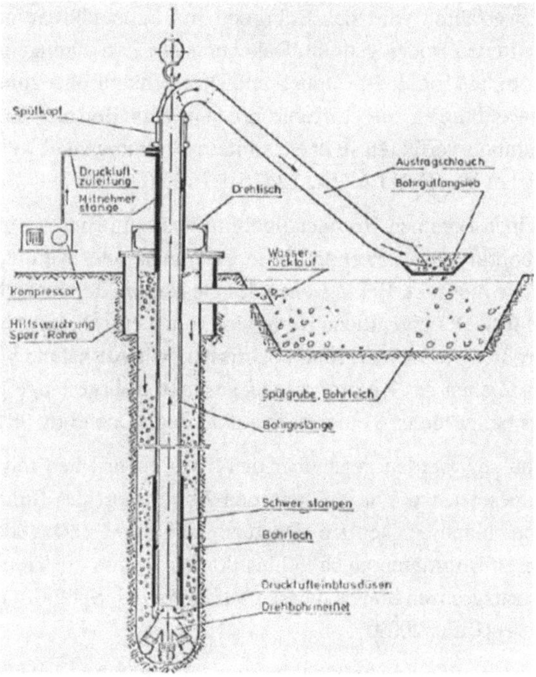

Abbildung 25: Schema Counterflushbohren, (Geologisches Landesamt Baden-Württemberg)

Nachteil sind die aufwändigen Vorbereitungen und die möglichen Probleme durch Druckabfall beim Anbohren von Hohlräumen. Im Allgemeinen gilt das Verfahren als veraltet, da es aber teilweise noch genutzt wird, wurde es in dieser Arbeit kurz angeschnitten. (Geologisches Landesamt Baden-Württemberg)

Die DIN-Norm (DIN EN ISO 22475-1:2006 (D), 2007) macht keine separaten Angaben zum Arbeiten mit dem Counterflushbohrsystem, daher ist von denselben Empfehlungen wie für das indirekte Spülbohren auszugehen (Abschnitt 8.1.2). Sowohl (Buja, 2009) als auch (Ulrich & Ulrich, 2018) machen keine Angaben zu erreichbarer Güteklasse in diesem Verfahren. Bei Fels unterscheidet die DIN-Norm nicht zwischen indirekter und direkter Spülung, es gelten die Empfehlungen aus 8.1.1.

8.2 Spülbohren mit Kernrohren (Core Barrel)

Kernrohre (eng. Core Barrel) sind speziell für die Entnahme von Proben entwickelt, die Bohrungen werden hier in der Regel alleine zu diesem Zweck durchgeführt. Bei den

Rotationskernbohrverfahren wird das Bohrgerät mit Schneidkrone am unteren Ende über ein Gestänge in den Boden gedreht. Dabei entsteht eine durchgehende Kernprobe. Als Werkzeuge kommen Einfach-, Doppel- und Dreifachkernrohre zum Einsatz. Es gibt verschiedene Abwandlungen dieser Kernrohre wie zum Beispiel Seilkernrohre. Das Rammrotationskernbohrverfahren stellt ein weiteres Verfahren dar, welches ans Rammkernbohren angelehnt ist. (DIN EN ISO 22475-1:2006 (D), 2007)

In weichen Gesteinen kommen Hartmetallbohrkronen zum Einsatz, in festem Gestein werden Diamantbohrkronen verwendet. Eine Fanghülse oder Kernfeder ist zwischen Rohr und Bohrkrone montiert. Beim Ziehen des Gestänges klemmt sich diese Fangvorrichtung am Kern fest. Der eigentliche Kern wird vom Kernrohr umschlossen und beim Ziehen des Kernrohres vom Untergrund abgerissen. Mit Ausnahme von den Seilkernrohren muss beim Ziehen des Kernrohres das gesamte Bohrgestänge gezogen werden. Dies ist besonders bei größeren Teufen sehr aufwändig. (Dachroth, 2017)

Kernrohre mit Spülung werden gegenüber den Trockenvarianten mit Kernrohren vor allem im Fels eingesetzt, wo eine Spülung den Abtransport des Bohrkleins erheblich erleichtert. Darüber hinaus eignen sie sich für bindige und stark verkittete gemischte Böden. Bei größeren Bohrtiefen ab ca. 50 bis 80 m kommen die Trockenkernbohrverfahren an ihre Einsatzgrenzen und es müssen Verfahren mit Spülhilfe angewendet werden. (Schäfer, 2019) (Buja, 2009)

Die Verfahren werden mit einer direkten Spülung durchgeführt, im Fels und standfesten Böden kann auf eine Verrohrung in der Regel verzichtet werden. Sollte eine Verrohrung zur Bohrlochsicherung erforderlich sein, kann diese in einem Doppelrohrverfahren gleichzeitig mit dem Bohrgestänge eingedreht werden. Die aus dem Trockenbohren bekannte Überbohrtechnik ist ebenfalls möglich. (Dachroth, 2017) (Buja, 2009)

Für die Durchführung reichen bei gewöhnlichen Bohraufgaben normale Kraftdreh/Kraftspül-Köpfe aus, ein Großdrehbohrgerät ist nicht notwendig. (Schäfer, 2019)

Die gezogenen Proben sollten dem Kernmarsch der Bohrung entsprechen. (Dachroth, 2017) Die DIN-Norm (DIN EN ISO 22475-1:2006 (D), 2007) unterscheidet bei Rotationskernbohrverfahren mit Spülhilfe zwischen Einfach-, Doppel- und Dreifachkernrohren. Das Rammkernrotationsverfahren ist als eigenes Verfahren gelistet. Bohrungen im Fels sind in der DIN-Norm separat geführt.

8.2.1 Einfachkernrohre

Der Aufbau des Einfachkernrohres ist sehr einfach mit einer Schneidkrone am unteren Ende und einem Anschluss zur Befestigung am Bohrgestänge am oberen Ende. Der Kernfangring kann direkt an der Bohrkrone oder zwischen Bohrkrone und Kernrohr angebracht sein. Bei den Bohrarbeiten dreht sich das Kernrohr um den freigebohrten Kern.

Die Spülung läuft innerhalb des Kernrohres zwischen Innenseite und Bohrkern. Die gewonnene Probe wird dabei der Länge nach fortlaufend gespült. Die Drehbewegung des Kernrohres sowie die Durchnässung können sich negativ auf die Qualität der Probe auswirken. (DIN EN ISO 22475-1:2006 (D), 2007) (Dachroth, 2017)

Abbildung 26 zeigt Einfach- (a) und Doppelkernrohre (b) im Vergleich.

Einfachkernrohre eignen sich besonders gut für homogene Gebirge mit kompakten Felsformationen, die sich beim Bohrvorgang durch die Spülung nicht beeinflussen lassen. Lockere Einlagerungen dagegen können weggespült werden und dadurch die Qualität der Probe stark senken. (Buja, 2009)

Ein Vorteil des Einfachkernrohres ist es, dass wenig Gestein zerstört wird und sich dadurch hohe Bohrleistungen erzielen lassen. Auch die Kosten für die Bohrwerkzeuge sind gering. Damit ist das Bohren mit dem Einfachkernrohr im Falle von geeigneten Böden ein sehr wirtschaftliches Verfahren. (Buja, 2009)

Die DIN-Norm (DIN EN ISO 22475-1:2006 (D), 2007) gibt als Richtwert für den Bohraußendurchmesser für Kernrohre aller Art im Rotationskernbohrverfahren mit Spülhilfe einen Durchmesser von 100 bis 200 mm an. Buja gibt als üblichen Durchmesser für Einfachkernrohre 76 bis 146 mm an. (Buja, 2009)

Für nicht bindige Böden sind Kernrohre (einfach, doppelt und dreifach) laut der DIN-Norm ungeeignet, bevorzugt einsetzbar sind sie für Ton, tonige, auch verkittete gemischtkörnige Böden sowie für Blöcke.

Mit dem Einfachkernrohr lassen sich Proben der Güteklassen 2-4 erreichen. (Kategorie A oder B) (DIN EN ISO 22475-1:2006 (D), 2007) Die Qualität der Probe hängt dabei maßgeblich vom Einfluss der Spülung auf die Bodenart ab.

Für das Bohren im Fels listet die DIN-Norm (DIN EN ISO 22475-1:2006 (D), 2007) separate Empfehlungen: Für das Bohren im Fels empfiehlt die DIN-Norm Durchmesser von 70 bis 200 mm. Die DIN-Norm gibt das Einfachkernrohr für Bohren im mittelharten bis sehr harten Fels als weniger geeignet an. Darüber hinaus lassen sich laut Norm nur in verfestigten Felsschichten Proben gewinnen. Neben dem Bohrkern kann auch das Bohrklein (Siebrückstand und Schweb) als Probe verwendet werden. Als erreichbare Entnahmekategorie wird Kategorie B angegeben. Eine Ausstattung mit einem PVC-Liner im Innenohr zum Schutz der gewonnenen Probe ist möglich.

Bei Kernrohren muss nach der Bergung der Kernrohres der gewonnene Bohrkern so behandelt werden, dass der natürliche Zustand möglichst erhalten bleibt. Der Bohrkern wird dann horizontal mit Hilfe eines Extruders entnommen. (DIN EN ISO 22475-1:2006 (D), 2007)

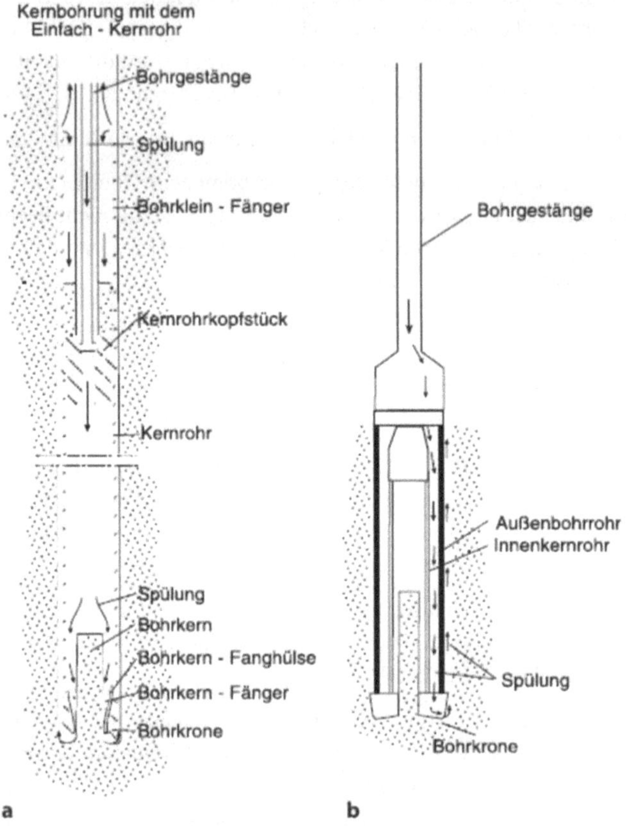

Abbildung 26: Aufbau von Einfach- (a) und Doppelkernrohr (b), (Dachroth, 2017)

8.2.2 Doppelkernrohre

Das Doppelkernrohr (eng. Double Tube Core Barrel) besteht wie der Name schon aussagt aus zwei konzentrischen Rohren. Das Außenrohr wird wie beim Einfachkernrohr durch das Bohrgestänge in Rotation versetzt und verfügt über eine Bohrkrone am unteren Ende. Der große und entscheidende Unterschied zum Einfachkernrohr ist, dass die Probe beim Doppelkernrohr nur im separaten inneren Kernrohr entnommen wird und somit von der Spülung weitgehend geschützt ist. Auch ein Mitrotieren des inneren Kernrohres ist nicht möglich, was ebenfalls einen besseren Schutz der Probe gewährleistet. Die Haltevorrichtung befindet sich im Kernrohrkopf und hält das Innenrohr feststehend.

Die Spülung wird zwischen Außen- und Innenrohr geleitet und tritt erst an der Bohrkrone aus. Der Aufstieg der Spülflüssigkeit erfolgt im äußeren Ringraum zwischen Kernrohr und Bohrlochwand. Der Aufbau des Doppelkernrohres ist in Abbildung 26 (b) dargestellt. (Dachroth, 2017) (DIN EN ISO 22475-1:2006 (D), 2007)

Nach dem Ziehen des Kernrohres wird die Bohrkrone samt Fangring abgeschraubt und die obere Halbschale des Kernrohres entfernt. Die Ansprache des Bodens und das Umstülpen in eine Kernkiste können direkt erfolgen. (Buja, 2009)

Für den Einsatz in sehr weichen Böden kann das innenliegende Rohr des Kernrohres auch mit einer Verlängerung ausgestattet werden. Diese läuft durch die Bohrkrone und ragt am unteren Ende aus dem Kernrohr heraus. (DIN EN ISO 22475-1:2006 (D), 2007)

Die Konstruktion ist gegenüber dem Einfachkernrohr wesentlich aufwändiger und teurer. Auf Grund der besseren Proben hat sich dieser Typ dem Einfachkernrohr gegenüber auf dem Markt allerdings trotzdem weitgehend durchgesetzt, insbesondere dort wo mit Einfachkernrohren nur unbefriedigende Probenergebnisse erzielt werden. (Buja, 2009)

Nachteile von Doppelkernrohren sind, dass bei großen Teufen der Zeit- und Arbeitsaufwand enorm zunimmt. Dies liegt daran, dass das Kernrohr samt Bohrgestänge immer wieder komplett aus dem Bohrloch gezogen werden muss. Das Ziehen begünstigt zusätzlich den Nachfall im Bohrloch bei nicht standfesten Böden, dies kann die Proben negativ beeinflussen oder sogar zu einem Festsetzen des Kernrohrs führen. Dadurch kann es zur Erfordernis einer Verrohrung kommen. Abhilfe schaffen Seilkernrohre, siehe Abschnitt 8.2.4. (Happel, 2013)

Herr Schäfer von Terrasond gibt an, dass bei Terrasond Doppelkernrohre vollständig durch Seilkernrohre ersetzt wurden. (Schäfer, 2019)

Doppelkernrohre können genau wie Einfachkerne mit einem zusätzlichen Liner ausgestattet werden, dann müssen Bohrkrone und Kernfangring an das reduzierte Innenmaß angepasst werden. Der PVC-Inliner kann in einigen Bodenarten den Kerngewinn verbessern. Außerdem kann der Inliner anschließend als Probebehälter benutzt werden und so die Probe auf dem Transport schützen. (DIN EN ISO 22475-1:2006 (D), 2007)

Die DIN-Norm (DIN EN ISO 22475-1:2006 (D), 2007) gibt als Richtwert für den Bohraußendurchmesser für Kernrohre aller Art im Rotationskernbohrverfahren mit Spülhilfe einen Durchmesser von 100 bis 200 mm an. Für nicht bindige Böden sind Kernrohre (einfach, doppelt und dreifach) laut der DIN-Norm ungeeignet, bevorzugt einsetzbar sind sie für Ton, tonige, auch verkittete gemischtkörnige Böden sowie für Blöcke. Mit dem Doppelkernrohr werden Proben der Kategorie B in Güteklasse 3 gewonnen, unter speziellen Bedingungen lassen sich auch Proben der Kategorie A in Güteklasse 2 oder 1 gewinnen.

Für das Arbeiten im Fels eignet sich das Doppelkernrohr dank dem Schutz der Probe auch für weiche und brüchige Gesteine und ist somit für alle Felsarten geeignet. Nicht zu empfehlen ist das Doppelkernrohr für erosiven und wasserempfindlichem Fels. Für das Bohren im Fels empfiehlt die DIN-Norm Durchmesser von 70 bis 200 mm. Neben dem Bohrkern kann auch das Bohrklein (Siebrückstand und Schweb) als Probe verwendet werden. Normalerweise sind Proben der Kategorie A erreichbar, unter schlechten Bedingungen noch Proben der Kategorie B. (Dachroth, 2017) (DIN EN ISO 22475-1:2006 (D), 2007)

8.2.3 Dreifachkernrohre

Dreifachkernrohre (eng. Triple Tube Core Barrel) ähneln den Doppelkernrohr vom grundsätzlichen Aufbau stark. Jedoch verfügen sie über ein drittes Kernrohr innerhalb des Innenrohres. Dabei handelt es sich um eine dünnwandige Hülse aus Stahl oder Plastik. Abbildung 27 zeigt den Aufbau eines Dreifachkernrohr. Durch dieses dritte Rohr wird der Kontakt des Bohrkerns mit der Spülung vollständig vermieden. Dadurch ist das Verfahren auch für wasserempfindliche Gesteine und so mit der Wahl der richtigen Bohrkrone für sämtliche Arten von Fels geeignet. (Dachroth, 2017) (Buja, 2009)

Die DIN-Norm (DIN EN ISO 22475-1:2006 (D), 2007) gibt als Richtwert für den Bohraußendurchmesser für Kernrohre aller Art im Rotationskernbohrverfahren mit Spülhilfe einen Durchmesser von 100 bis 200 mm an. Für nicht bindige Böden sind Kernrohre (einfach, doppelt und dreifach) laut der DIN-Norm ungeeignet, bevorzugt einsetzbar sind sie für Ton, tonige, auch verkittete gemischtkörnige Böden sowie für Blöcke. Das Dreifachkernrohr liefert Proben der Güteklasse 1 in Kategorie A und somit das beste Ergebnis aller Bohrverfahren.

Für das Bohren im Fels empfiehlt die DIN-Norm Durchmesser von 70 bis 200 mm. Neben dem Bohrkern kann auch das Bohrklein (Siebrückstand und Schweb) als Probe verwendet werden. Auch im Fels wird die bestmögliche Entnahmekategorie A erreicht. (DIN EN ISO 22475-1:2006 (D), 2007)

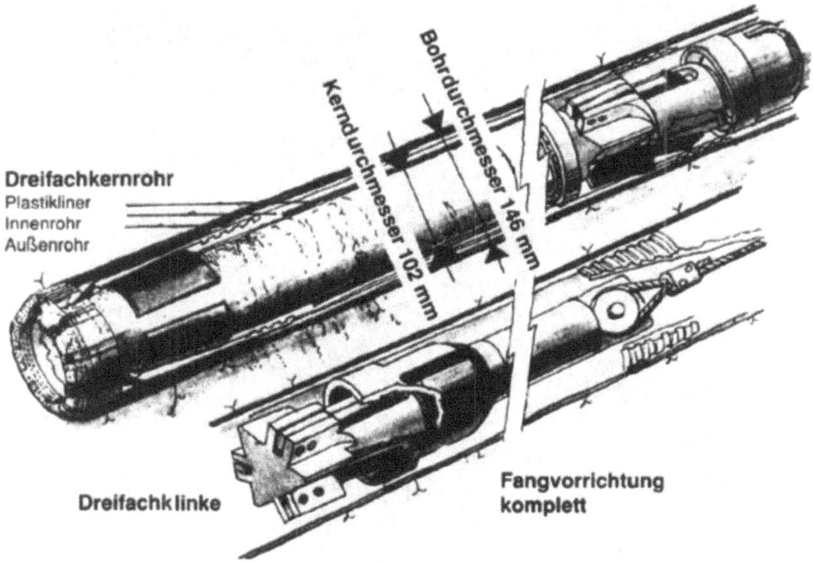

Abbildung 27: Aufbau eines Dreifachkernrohres ausgebildet als Seilkernrohr (Fabrikat Atlas), (Buja, 2009)

8.2.4 Seilkernrohre

Seilkernrohre (eng. Wireline Core Barrel) stellen eine Abwandlung eines Doppel- oder Dreifachkernrohrs dar. Sie bestehen aus dem eigentlichem Kernrohr und einer zusätzlichen speziellen Fangvorrichtung. Diese Vorrichtung erlaubt es das Innenkernrohr durch das Bohrgestänge ein- und auszubauen während das äußere Kernrohr samt Bohrgestänge im Bohrloch verbleibt. Die Förderung des inneren Kernrohrs erfolgt über die spezielle Fangvorrichtung (siehe Abbildung 27) die am Stahlseil ins Bohrgestänge eingelassen wird. Das eigentliche Kernrohr ist nicht modifiziert und entspricht im Aufbau exakt einem Doppel- oder Dreifachkernrohr. Auch die Auswahl der Bohrkrone und die Durchführung der Bohrung sind analog zum Doppel- oder Dreifachkernrohr. (Buja, 2009)

Abbildung 28 zeigt den Aufbau eines gesamten Seilkernrohrsystems inklusive aller Einzelteile, ein Seilkernrohr im Einsatz bei einer Erkundungsbohrung zeigt Abbildung 29.

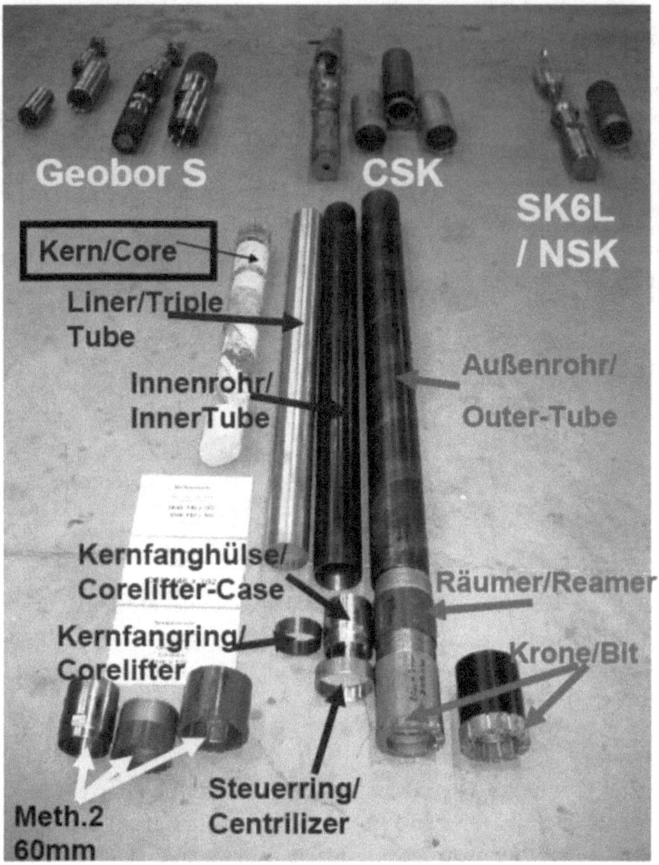

Abbildung 28: Aufbau eines Seilkernrohr, (Happel, 2013)

Der maßgebliche Vorteil dieses Verfahrens ist die deutliche Erhöhung der Bohrgeschwindigkeit, dadurch, dass nicht immer der gesamte Bohrstrang gezogen werden muss. Wenn beim Arbeiten mehrere Innenkernrohre verwendet werden, kann das Tempo noch einmal erhöht werden, wenn immer gleichzeitig mit einem Innenkernrohr gebohrt und die anderen Innenkernrohre entleert werden. (Buja, 2009) (Happel, 2013)

Ein weiterer Vorteil ist, dass bei flachen Bohrungen selbst bei schlechten Bodenverhältnissen keine Verrohrung zum Schutz erforderlich ist, da das im Bohrloch verbleibende Bohrgestänge die Verrohrung ersetzt. (Happel, 2013) (Buja, 2009)

Seilkernrohre stellen das bedeutendste Verfahren im Baugrundaufschluss dar, wenn Bohrtiefen erreicht werden sollen, die im Trockenbohren nicht möglich sind. Mit ihnen lassen sich wirtschaftlich Proben von bester Qualität gewinnen. Die Firma Terrasond benutzt ausschließlich dieses Verfahrens, wenn die erforderlichen Bohrtiefen mit dem Rammkernbohren nicht mehr erreichbar sind, gewöhnliche Doppelkernrohre spielen bei Terrasond Rhein-Main keine Rolle mehr. (Schäfer, 2019)

Die DIN-Norm (DIN EN ISO 22475-1:2006 (D), 2007) erfasst Seilkernbohrungen nur bei der Probeentnahme im Fels separat. Bei der Probeentnahme in anderen Böden ist von den jeweiligen Hinweisen zum Arbeiten mit Doppel- oder Dreifachkernrohren auszugehen, siehe hierzu Abschnitte 8.2.2 und 8.2.3. Für das Arbeiten im Fels gelten in der DIN-Norm ebenfalls dieselben Rahmenbedingungen wie für Dreifachkernrohre im Fels. Einzig der empfohlene Bohrdurchmesser wurde auf 70 bis 180 mm reduziert (Vergleiche Abschnitt 8.2.3) Martin Happel von Comdrilll gibt als üblichen Kerndurchmesser für Proben mit dem Seilkernrohr 102 mm bei einem Außendurchmesser von 146 mm an. (Happel, 2013)

Abbildung 29: Arbeiten mit dem Seilkernrohr, (Happel, 2013)

8.2.5 Rammrotationskernbohrverfahren

Das Rammrotationskernbohrverfahren ist in der DIN-Norm (DIN EN ISO 22475-1:2006 (D), 2007) als eigenständiges Bohrverfahren geführt, in der Fachliteratur wird es in der Regel als Kernbohren in Überspültechnik bezeichnet. (Entenmann, Zou, & Boley, 2012) Es stellt eine Kombination aus den Trockenrammkernbohrverfahren mit Überbohrtechnik und dem Rotationskernbohrverfahren mit direkter Spülung dar.

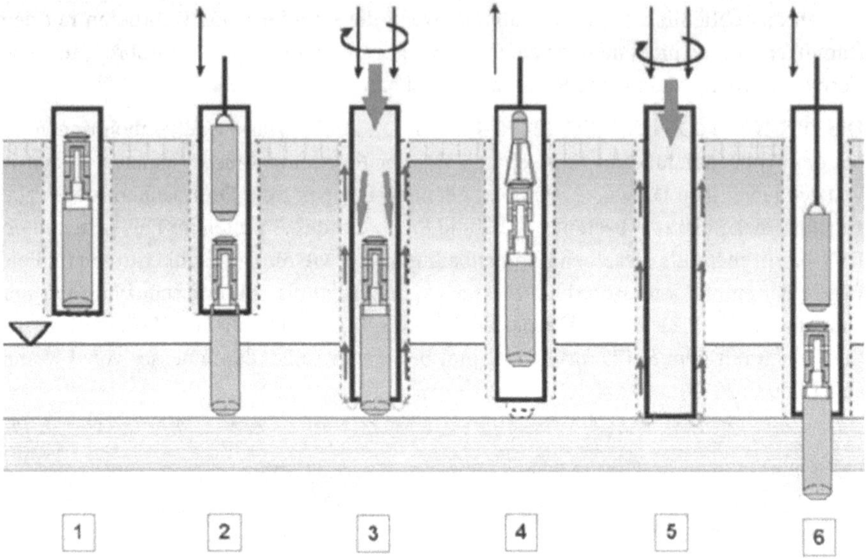

Abbildung 30: Ablauf Rammrotationskernbohrverfahren (Entenmann, Zou, & Boley, 2012)

Ein Rammkernrohr mit Schneidschuh am unteren Ende wird durch Hammerschläge in den Boden gerammt, dies geschieht wie beim klassischen Rammkernbohren ohne Spülhilfe. Die stützende Hilfsverrohrung wird danach langsam eingedreht, dies geschieht als direktes Spülbohrverfahren. Die Hilfsverrohrung dient dabei auch zum Transport der Spülung, die beim direkten Spülbohren das Bohrgestänge übernimmt. Dies ist vergleichbar mit der Überbohrtechnik von den Rammkernbohrverfahren im Trockenbohren, siehe Abschnitt 7.3. Hier ist von Überspültechnik die Rede. Das Eindrehen erfolgt mit Hilfe des Kraftspülkopf. Nach dem Überspülen wird die Probe gezogen und entnommen. Abbildung 30 illustriert den Ablauf des Verfahrens im Detail. (Entenmann, Zou, & Boley, 2012)

Die Spülhilfe kann sich negativ auf die Probe auswirken, dies gilt besonders in rolligen Böden. Dadurch lassen sich dort nicht so gute Probenergebnisse wie mit den Trockenrammkernbohrverfahren erzielen. Dafür sind dank der Spülhilfe größere Teufen als bei den Rammkernbohrverfahren ohne Spülhilfe erreichbar. (Entenmann, Zou, & Boley, 2012)

Die Probe wird im Rammkernrohr zurückgehalten. Als Werkzeuge kommen Einfach- oder Doppelkernrohre zum Einsatz. (DIN EN ISO 22475-1:2006 (D), 2007)

Bevorzugt einsetzbar ist das Verfahren laut DIN-Norm (DIN EN ISO 22475-1:2006 (D), 2007) für Ton, Schluff und Feinsand. Ungeeignet ist es für gemischtkörnige und reine Sande über 2 mm Korndurchmesser sowie für Kies und halbfeste und feste Tone. Als Richtwert für den Bohraußendurchmesser wird 100 bis 200 mm angegeben. In bindigen Böden sind Proben der Kategorie A in Güteklasse 2, unter idealen Bedingungen sogar Güteklasse 1 erreichbar. In nicht bindigen Böden sind Proben der Kategorie B in Güteklasse 4 erreichbar. Unter idealen Bedingungen sind hier Proben der Güteklasse 3 möglich. (DIN EN ISO 22475-1:2006 (D), 2007)

9 Die Auswahl des Verfahrens

9.1 Kriterien für die Verfahrensauswahl

Bei der Auswahl eines Bohrverfahrens zum Zwecke des direkten Baugrundaufschlusses spielen viele verschiedene Faktoren eine Rolle. In diesem Abschnitt sollen die wichtigsten Faktoren genannt, beschrieben und eine Einschätzung zur Gewichtung abgegeben werden.

Folgende Faktoren haben bei der Wahl des Bohrverfahrens zum direkten Baugrundaufschlusse eine Rolle. Die Reihenfolge der Kriterien hat keine Aussage über deren Gewichtung.

Übersicht der Kriterien:

- Normen/ Gesetzliche Regelungen
- Gewünschte Probenqualität
- Gewünschte Tiefe der Bohrungen
- Art des geplanten Bauwerkes
- Bekannte Daten/ Einschätzungen von Bodenart und Grundwasser
- Mögliche Kontaminierung des Bodens
- Zugänglichkeit des Baufeldes
- Vorgaben des Kunden
- Kosten

Kriterien im Detail:

Normen/Gesetzliche Regelungen

Diese Arbeit beschäftigt sich schwerpunktmäßig mit dem Baugrundaufschluss in Deutschland, daher basiert sie auf dem deutschen DIN-Regelwerk, welches einige Regellungen für den Baugrundaufschluss vorschreibt. Heutzutage basieren die staatlichen Normen zwar auf europäischen/ internationalen Richtlinien, trotzdem kann beim Arbeiten in anderen Ländern die Rücksichtnahme auf andere staatliche Normen oder Gesetze notwendig sein. Dies kann auch Auswirkungen auf die Auswahl des Bohrverfahrens haben.

Gewünschte Probenqualität:

Die gewünschte beziehungsweise benötige Probenqualität für den Baugrundaufschluss spielt die wichtigste und eine zwingende Rolle bei der Auswahl des Verfahrens. Nur mit der Auswahl eines geeigneten Verfahrens lässt sich die gewünschte Probenqualität erreichen. Mit höheren Qualitätsansprüchen senken sich die Auswahlmöglichkeiten bis auf ein Minimum.

Gewünschte Tiefe der Bohrungen:

Die gewünschte Tiefe ist genau wie die gewünschte Probenqualität ein zwingender Faktor bei der Auswahl des Bohrverfahrens. Während sich für einfache Aufschlussbohrungen von 10 bis 30 m noch sämtliche Bohrverfahren eignen sind bei großen Tiefen nur noch wenige Verfahren geeignet und stehen zur Auswahl.

Art des geplanten Bauwerks:

Die Art des geplanten Bauwerks beeinflusst die Auswahl des Verfahrens dahin, dass sie ausschlaggebend für die bereits genannten Faktoren Tiefe und Probenqualität ist. Spezielle Bauwerke wie Hochhäuser, Industrieanlagen, etc. haben andere Anforderungen an den Baugrundaufschluss als beispielsweise ein Einfamilienhaus.

Bekannte Daten/ Einschätzungen der Bodenart:

Auch vor dem eigentlichen Baugrundaufschluss liegen bereits Daten bzw. Einschätzung über den Boden vor in dem gebohrt werden soll. Diese basieren laut (Buja, 2009) hauptsächlich auf dem Einsehen von geologischen Karten, dem Analysieren der Fauna des Grundstückes, Auskünften von Nachbarn, Ergebnissen von Bohrungen in der Nähe sowie auf Voruntersuchungen wie kleinen Handbohrungen und Sondierungen. Mit Hilfe von diesen Daten und Erkenntnissen muss erörtert werden, welche Bohrverfahren für einen möglichen Baugrundaufschluss geeignet sind. Während bei einigen Bodenarten die Auswahl sehr groß ist, ist sie bei anderen stark beschränkt.

Bekannte Daten/ Einschätzungen des Grundwassers:

Ähnlich wie bei der Bodenart liegen vor dem Baugrundaufschlussverfahren bereits ebenfalls Daten bzw. Einschätzungen zu den Grundwasserverhältnissen vor. Diese Einschätzungen beruhen in etwa auf denselben Kriterien, wie die der Bodenart. Wenn unter der Grundwassersohle gebohrt werden soll, muss ein dafür geeignetes Verfahren gewählt werden.

Mögliche Kontaminierung des Bodens:

Wenn bereits vor dem Baugrundaufschluss von einer möglichen Kontaminierung des Bodens ausgegangen wird, ist dies bei der Auswahl des Verfahrens zu berücksichtigen. Verfahren bei denen sofort größere Bodenmengen frei an die Oberfläche gefördert werden sind in diesem Fall dringend zu vermeiden. (Landesanstalt für Umweltschutz Baden-Württemberg, 1997)

Zugänglichkeit des Baufeldes:

Für einen korrekte Durchführung des Baugrundaufschluss muss die Bohrstelle durch das Bohrgerät erreichbar sein und genug Platz für ein korrektes Aufstellen des Gerätes und eine einwandfreie Durchführung der Bohrung bieten. Bei engen Verhältnissen können somit Bohrverfahren die viel Raum oder Höhe benötigen ausscheiden. Herr Schäfer von Terrasond gibt die Zugänglichkeit neben dem Kundenwunsch als wichtigsten Faktor für die Auswahl des Verfahrens an. (Schäfer, 2019)

Vorgaben des Kunden:

Meistens wird das Verfahren mit dem der Baugrundaufschluss durchgeführt werden soll vom Auftraggeber festgelegt. (Schäfer, 2019) Dies erfolgt normalerweise durch die Entscheidung eines leitenden Ingenieurs der ausführenden Baufirma oder des Planungsbüros. In machen Fälle kann es aber auch durch Vorgaben des Bauherren erfolgen. Gerade große, oftmals öffentliche Auftraggeber haben eigene Firmenregelwerke, die bei sämtlichen Bauverfahren Anwendung finden. Während sich die Fachingenieure der Baufirmen und Planungsbüros hauptsächlich nach den hier genannten Kriterien orientieren, müssen die Vorgaben von Firmen und deren Planern, die nicht immer vom Fach sind, nicht immer rational sein. (Schäfer, 2019)

Kosten:

Bauen ist immer auch ein Geschäft und wie bei allen Geschäften spielen wirtschaftliche Aspekte eine große Rolle. Demnach sind alle Projektbeteiligten immer interessiert daran, ihre Kosten so niedrig wie möglich zu halten. Somit wird sich im Normalfall immer für das Verfahren entschieden mit dem sich die gewünschte Probe am kostengünstigsten gewinnen lässt.

9.2 Empfehlungen aus der DIN-Norm

Die DIN-Norm (DIN EN ISO 22475-1:2006 (D), 2007) macht Empfehlungen zu Einsatzmöglichkeiten und Grenzen mit verschiedenen Bohrverfahren. Darüber hinaus macht sie Angaben zu den erreichbaren Kategorien und Güteklassen mit den jeweiligen Bohrverfahren. Diese wurden in den Abschnitten der einzelnen Bohrverfahren in dieser Arbeit wiedergegeben. Die Empfehlungen bieten eine gute Grundlage bei der Wahl eines geeigneten Bohrverfahrens zum direkten Baugrundaufschluss. Tabellen 3, 4 und 5 zeigen die Tabellen „Durchgehende Gewinnung von Proben in Böden mittels Bohrverfahren“ und „Probeentnahme mittels Rotationsbohrverfahren im Fels“ aus der DIN-Norm.

Die Beschreibungen und in der Norm angegebenen Daten beziehen sich dabei nicht immer speziell auf den Baugrundaufschluss, was an den Richtwerten für den Bohraußendurchmesser gut zu erkennen ist.

Da die erreichbare Qualität der Probe neben dem Bohrwerkzeug sehr stark von der Bodenart abhängt, umfassen die Empfehlungen und Angaben oftmals eine größere Reichweite. Auch das Zusammenfassen verschiedener Bohrwerkzeuge in einer Spalte führt zu unpräziseren Angaben in der DIN-Norm.

Über mögliche erreichbare Bohrtiefen machen die Tabellen aus der Norm (Tabellen 3, 4 und 5) keine Angaben.

Die Literaturangaben einiger Wissenschaftler weichen von den Angaben aus der DIN-Norm ab.

Tabelle 3: Durchgehende Gewinnung von Proben in Böden mittels Bohrverfahren Teil 1 aus (DIN EN ISO 22475-1:2006 (D), 2007)

Spalte	1	2	3	4	5	6
	Bohrverfahren				Gerät	
Zeile	Lösen des Bodens[b]	Spülhilfe	Fördern der Probe mit	Bezeichnung	Werkzeug	Richtwerte Bohraußendurchmesser[a] mm
1		nein	Bohrwerkzeug	Rotationstrockenkernbohrverfahren[c]	Einfachkernrohr	100 bis 200
					Hohlbohrschnecke	100 bis 300
2		ja	Bohrwerkzeug	Rotationskernbohrverfahren	Einfachkernrohr Doppelkernrohr[a] Dreifachkernrohr[a]	100 bis 200
3	drehend	ja	Bohrwerkzeug	Rotationskernbohrverfahren	Doppel- oder Dreifachkernrohr mit Vorschneidkrone oder Vorsatz	100 bis 200
4		nein	Bohrwerkzeug	Schneckenbohrverfahren	Gestänge mit Schappe, Schnecke oder Hohlbohrschnecke	100 bis 2 000
5		ja	Umkehrspülung	Rotationsspülbohrverfahren	Gestänge mit Hohlmeißel	150 bis 1 300
6		nein	Bohrwerkzeug	Handdrehbohrverfahren	Schappe, Schnecke, Spirale	40 bis 80
7		nein	Bohrwerkzeug	Rammkernbohrverfahren	Rammkernrohr mit Schnittkante innen; auch mit Hülse oder Schnecke (oder Hohlbohr-schnecke)[b]	80 bis 200
8	rammend	nein	Bohrwerkzeug	Rammbohrverfahren	Rammkernrohr mit Schnittkante außen[b]	150 bis 300
9		nein	Bohrwerkzeug	Kleinrammbohrverfahren	Rammgestänge mit Entnahmerohr	30 bis 80
10	drehend, rammend	ja	Bohrwerkzeug	Rammrotationskernbohrverfahren	Einfach- oder Doppelkernrohr	100 bis 200
11	vibrierend, langsames Drehen freigestellt	nein (nur zur Einbringung der Verrohrung	Bohrwerkzeug	Vibrationsbohrverfahren	Dickwandiges Entnahmegerät oder Einfachkernbohr mit freigestelltem Innenrohr aus Kunststoff	80 bis 200
12	schlagend	nein	Bohrwerkzeug	Schlagbohrung	Seil mit Schlagschappe	150 bis 500
13		nein	Bohrwerkzeug	Schlagbohrverfahren	Seil mit Ventilbohrer	100 bis 1 000
14	drückend	nein	Bohrwerkzeug	Kleindruckbohrverfahren	Druckgestänge mit Entnahmerohr	30 bis 80
15	greifend	nein	Bohrwerkzeug	Greiferbohrung	Seil mit Bohrlochgreifer	400 bis 1 500

[a] Übliches Kernrohr oder Seilkernrohr

[b] Beim „Rammen" wird das Bohrwerkzeug mit einer besonderen Schlagvorrichtung eingetrieben. Beim „Schlagen" wird das Bohrwerkzeug selbst durch wiederholtes Anheben und Fallenlassen zum Eintreiben benutzt.

[c] Das Rotationstrockenkernbohrverfahren wird in der Regel dann eingesetzt, wenn die Beobachtung der Grundwasseroberfläche das wichtigste Ziel der Baugrunderkundung ist.

Tabelle 4: Durchgehende Gewinnung von Proben in Böden mittels Bohrverfahren Teil 2 aus (DIN EN ISO 22475-1:2006 (D), 2007)

7	8	9	10	11	Spalte
Eignung des Bohrverfahrens[d]					
Ungeeignet für[d]	**Bevorzugt einsetzbar für**[d]	**Erreichbare Entnahme-kategorien**[e]	**Erreich-bare Güte-klasse**[e]	**Bemerkungen**	**Zeile**
Grobkies, Steine, Blöcke	Ton, Schluff, Feinsand, Schluff	B (A)	4 (2–3)	gut in Mitte, außen ausgetrocknet	1
	Ton, Schluff, Sand, organische Böden	B (A)	3 (1–2)	–	
nicht bindige Böden	Ton, tonige, auch verkittete gemischtkörnige Böden, Blöcke	B (A)	4 (2–3)	–	2
		B (A)	3 (1–2)		
		A	1		
Kies, Steine, Blöcke	Ton, Schluff	A	2 (1)	–	3
Blöcke größer als $D_e/3$	über GW-Oberfläche alle Böden, unter Grundwasseroberfläche alle bindigen Böden	B	4 (3)	–	4
–	Alle Böden	C (B)	5 (4)	–	5
Grobkies größer als $D_e/3$, dicht gelagerte Böden und unter Grundwasseroberfläche nicht bindige Böden	über GW-Oberfläche Ton bis Mittelkies; unter Grundwasser-oberfläche bindige Böden	C[f]	5	nur für geringe Tiefen	6
Böden mit Korndurchmessern größer als $D_e/3$, feingeschichtete Böden, z. B. Warven	Ton, Schluff und Böden mit Korndurchmessern bis höchstens $D_e/3$	in bindigen Böden: A	2 (1)	Rammdiagramm durch Messung der Schlagzahl	7
		in nicht bindigen Böden: B (A)	3 (2)		
Böden mit Korndurchmessern größer als $D_e/3$	Kies und Böden mit Korn-durchmessern bis höchstens $D_e/3$	B	4		8
Böden mit Korndurchmessern größer als $D_e/2$	Böden mit Korndurchmessern bis höchstens $D_e/5$	C[f]	5	nur für geringe Tiefen	9
gemischtkörnige und reine Sande über 2,0 mm Korndurchmesser, Kies, halbfeste und feste Tone	Ton, Schluff, Feinsand	in bindigen Böden: A	2 (1)	–	10
		in nicht bindigen Böden: B	4 (3)		
–	–	in bindigen Böden: B	4	–	11
		in nichtbindigen Böden: C	5		
über Grundwasseroberfläche Kies, unter Grundwasseroberfläche Schluff, Sand und Kies	über GW-Oberfläche Ton und Schluff, unter Grundwasser-oberfläche Ton	C (B)	4 (3)	–	12
über Grundwasseroberfläche	Kies und Sand im Wasser	C (B)	5 (4)	auch in bindigen Böden unter Wasserzugabe möglich	13
feste und grobkörnige Böden	Ton, Schluff, Feinsand	C[f]	5	nur für geringe Tiefen	14
feste, bindige Böden, Blöcke größer als $D_e/2$	Kies, Blöcke kleiner als $D_e/2$, Steine	über GW-Oberfläche: B	4	–	15
		unter GW-Oberfläche: C	5		

[d] Hierin bedeutet D_e der Innendurchmesser des Bohrwerkzeugs.

[e] Die in Klammern gesetzten Angaben bedeuten, dass die jeweiligen Entnahmekategorien und Güteklassen nur bei besonderen Bodenbedingungen, die in solchen Fällen erläutert werden müssen, erreicht werden können.

[f] Entnahmekategorie B ist in manchen leicht bindigen Böden möglich.

ANMERKUNG Reine Spülbohrungen werden nicht erwähnt, da mit ihnen in der Regel nur eine Probengüte unterhalb der Güteklasse 5 erreicht werden kann.

Tabelle 5: Probeentnahme mittels Rotationsbohrverfahren im Fels aus (DIN EN ISO 22475-1:2006 (D), 2007)

Spalte	1	2	3	4	5	6	7	8	9	10
	Bohrverfahren			Gerät		Bohrverfahren wenig geeignet für[a]	Probengewinn		Erreichbare Entnahmekategorie[b]	Bemerkungen
Zeile	Spülhilfe	Fördern des Fels	Benennung	Bohrwerkzeug	Empfohlener Bohrdurchmesser[a] mm		Kerne[a]	Bohrklein		
1	nein	mit Bohrwerkzeug am Gestänge	Rotationskernbohrverfahren	Einfachkernrohr	70[c] bis 200	mittelharten bis sehr harten Fels	bei weichem, erosivem, wasserempfindlichem Fels in kurzen Kernmärschen	kein	B (A)	Wegen Überhitzung der Krone sollte im Allgemeinen nur in Kernmärschen bis 0,5 m gebohrt werden.
2	ja	mit Bohrwerkzeug am Gestänge	Rotationskernbohrverfahren	Einfachkernrohr	70[c] bis 200	mittelharten bis sehr harten Fels	bei geklüftetem weichem Fels	Siebrückstand und Schweb	B (A)	Der Kern kann durch die Spülung verändert werden.
3	ja	mit Bohrwerkzeug am Gestänge	Rotationskernbohrverfahren	Doppelkernrohr	70[c] bis 200	erosiven, wasserempfindlichen Fels	bei allen Felsarten	Siebrückstand und Schweb	A (B)	–
4	ja	mit Bohrwerkzeug am Gestänge	Rotationskernbohrverfahren	Dreifachkernrohr	70 bis 200	–	bei allen Felsarten	Siebrückstand und Schweb	A	–
5	ja	mit Bohrwerkzeug am Gestänge, Ausbau des Innenkernrohrs am Seil	Seilkernbohrverfahren	Seilkernrohr oder Dreifachkernrohr	70 bis 180	–	bei allen Felsarten	Siebrückstand und Schweb	A	–
6	ja	mit Bohrwerkzeug am Gestänge	Spülbohrverfahren	Meißel, Rollmeißel,Spülbohrhammer	50 bis 350	–	keine	Siebrückstand und Schweb	C	–

ANMERKUNG Bei gleichem Bohrlochdurchmesser ist der Probendurchmesser geringer, wenn anstelle eines Einfachkernrohrs ein Dreifachkernrohr verwendet wird.

[a] Alle Angabe sind Richtwerte unter Berücksichtigung der möglichen Verwendung einer Verrohrung.

[b] Die in Klammern gesetzten Angaben bedeuten, dass die jeweiligen Entnahmekategorien und Güteklassen nur bei besonderen Bodenbedingungen, die in solchen Fällen erläutert werden müssen, erreicht werden können.

[c] In einigen kristallinen Felsarten kann ein Mindestbohrdurchmesser von 30 mm für die Bestimmung und Beschreibung der Felsart ausreichen.

9.3 Leitfaden des Autors

Der nachfolgende Leitfaden wurde für ein einfaches Verständnis als Flussdiagramm ausgebildet. Ziel ist es für jede Bodenart unter allen Rahmenbedingungen ein möglichst zweckmäßiges Bohrverfahren für eine bestmögliche Bodenprobe zu empfehlen. Dazu wurden möglichst Verfahren mit gekernten Proben gewählt. Aus wirtschaftlichen Gründen wurde nur wenn notwendig auf Verfahren mit Spülhilfe zurückgegriffen. Es wurde versucht in allen Fällen mindestens eine Probe der Kategorie B zu erreichen. Wenn zwingend eine Probe von höherer Qualität erforderlich ist, können die Verfahren mit Entnahmegeräten kombiniert werden.

Der Leitfaden wurde möglichst einfach und übersichtlich gehalten, da er bei einer Entscheidung helfen und nicht neue Fragen aufwerfen soll. Die Empfehlungen aus der DIN-Norm (DIN EN ISO 22475-1:2006 (D), 2007) in den Tabellen 3, 4 und 5 sowie die aus der Literatur und Praxis während dieser Arbeit gesammelten Erkenntnisse des Autors stellen die Grundlage des Leitfadens dar.

Der Leitfaden gibt keine irreversible Lösung, sondern stellt lediglich eine Empfehlung des Autors dar. Trotzdem muss bei jeder Bohrung individuell abgewogen werden, welches Verfahren am besten geeignet ist. Die wichtigsten Kriterien dazu finden sich in Abschnitt 9.1. Oftmals lässt sich mit verschiedenen Verfahren gleichwertige Ergebnisse liefern.

Auch bestmögliche Vorplanung und Erfahrung können keine Sicherheit geben. Da jeder Boden heterogen ist, ist jede Bohrung unterschiedlich und es kann immer dazu kommen, dass auf eine vorher nicht erwartete Bodenart getroffen wird und improvisiert werden muss.

Leitfaden zur Auswahl eines Bohrverfahrens für den direkten Baugrundaufschluss

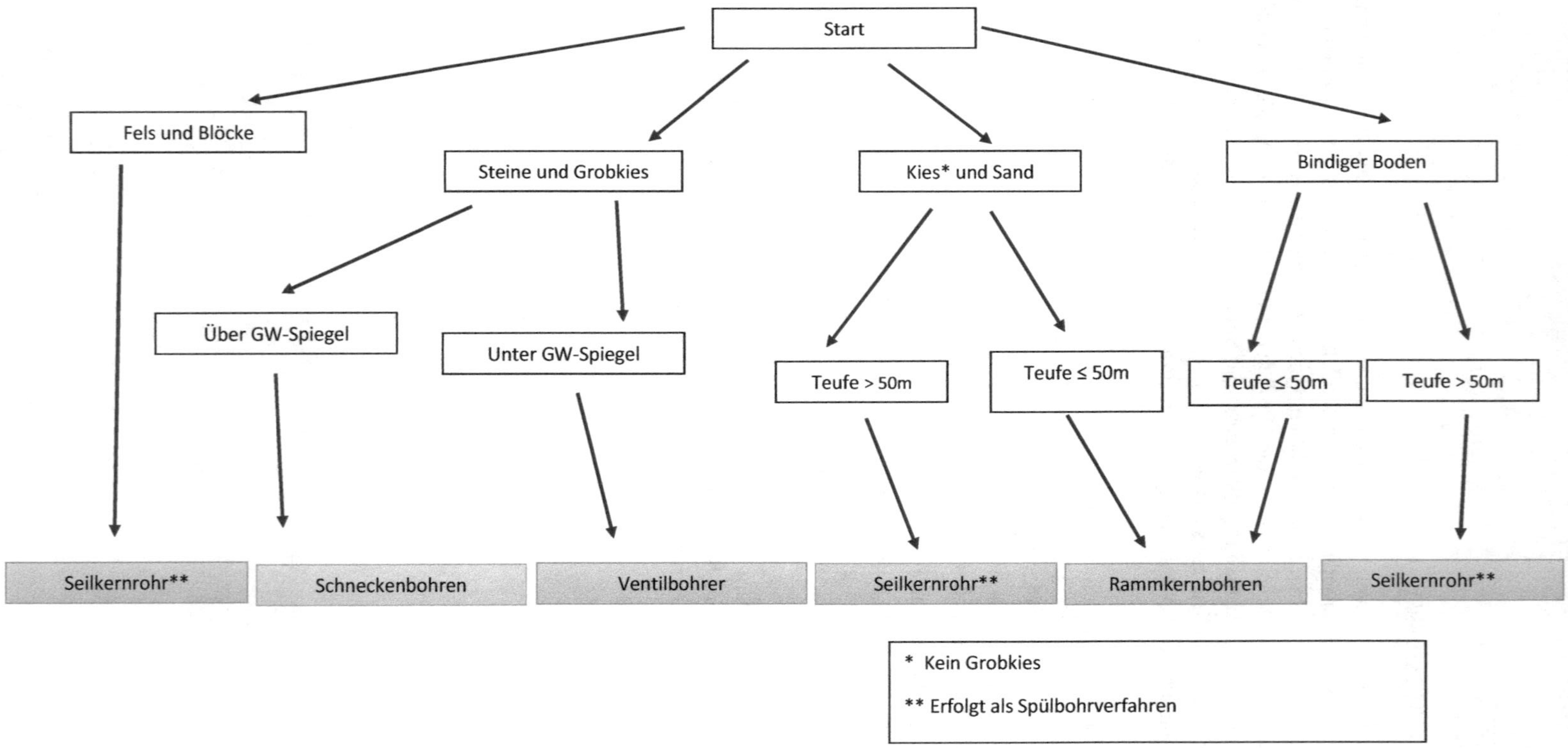

10 Fazit

Die Auswahl der Bohrverfahren für einen möglichen Baugrundaufschluss ist sehr groß, doch hat sich gezeigt, dass in normalen Fällen immer mit den gleichen, zweckmäßigen Verfahren erfolgreich gearbeitet werden kann.

Mit vielen Verfahren ist es zwar möglich Proben zu gewinnen, doch ist dies nicht der eigentliche Zweck der Verfahren, vielmehr stehen dort das Erkunden von Lagerstätten oder das Gründen von Pfählen im Vordergrund. Mit diesen klassischen Vollbohrverfahren lassen sich meist nur Proben von unzureichender Qualität gewinnen.

Wenn dennoch mit diesen Bohrverfahren eine hochwertige Bodenprobe entnommen werden soll, bietet sich eine Kombination mit einem Entnahmegerät an. Diese sind in der DIN-Norm (DIN EN ISO 22475-1:2006 (D), 2007) ebenfalls aufgeführt.

Die speziell für den direkten Baugrundaufschluss entwickelten Verfahren mit gekernten Proben dagegen liefern unter geringerem Arbeitsaufwand hochwertige Proben.

Die großen, mit den Vollbohrverfahren erreichbaren Bohrtiefen, sind in der Regel nicht notwendig. Nur bei außergewöhnlichen Gebäuden und / oder bei außergewöhnlichem Baugrund sind tiefe Aufschlussbohrungen erforderlich.

Insbesondere in gröberen rolligen Böden lassen sich schwer hochwertige Proben gewinnen, da diese sich nicht kernen lassen. Dadurch sind hierbei alle mit Bohrverfahren gewonnenen Bodenproben mehr oder weniger stark gestört. Generell ist es schwieriger in diesen Böden zu bohren, wodurch sich die Anzahl der möglichen Verfahren stark einschränkt.

Bei der Auswahl des Verfahrens spielen viele verschiedene Kriterien eine Rolle. Mit Hilfe der bekannten Daten muss die beste Entscheidung getroffen werden.

Auch bestmögliche Vorplanung und Erfahrung können keine Sicherheit geben. Da jeder Boden heterogen ist, ist jede Bohrung unterschiedlich und es kann immer dazu kommen, dass auf eine vorher nicht erwartete Bodenart getroffen wird und improvisiert werden muss.

Die Erkundung des Baugrunds wird auch in der Zukunft ein unerlässlicher Bestandteil eines jeden Bauprojekts sein.

11 Literaturverzeichnis

Relevante DIN-Normen

DIN 1054. (Dezember 2010). Baugrund - Sicherheitsnachweise im Erd- und Grundbau - Ergänzende Regelungen zu DIN EN 1997-1. Berlin.

DIN 4020. (November 2010). Geotechnische Untersuchungen für bautechnische Zwecke – Ergänzende Regelungen zu DIN EN 1997-2. Berlin.

DIN EN 1997-1. (März 2014). Eurocode 7 - Entwurf, Berechnung und Bemessung in der Geotechnik - Teil 1: Allgemeine Regeln. Berlin.

DIN EN 1997-2. (Oktober 2010). Eurocode 7: Entwurf, Berechnung und Bemessung in der Geotechnik - Teil 2: Erkundung und Untersuchung des Baugrunds. Berlin.

DIN EN ISO 22475-1:2006 (D). (Januar 2007). Geotechnische Erkundung und Untersuchung – Probenentnahmeverfahren und Grundwassermessungen – Teil 1: Technische Grundlagen der Ausführung. Berlin.

Literaturquellen

Buja, H. O. (2009). *Handbuch der Baugrunderkennung - Geräte und Verfahren.* Wiesbaden: Vieweg + Teubner.

Burland, J., Jamiolkowski, M., & Viggiani, C. (März 2009). Leaning Tower of Pisa: Behaviour after Stabilization Operations. *International Journal of Geoengineering Case Histories, Vol. 1, Issue 3*, S. 156 - 169.

Dachroth, W. (2017). *Handbuch der Baugeologie und Geotechnik* (4. Auflage Ausg.). Wilhelmsfeld: Springer Spektrum.

Entenmann, W., Zou, Y., & Boley, C. (2012). Baugrunderkundung, geotechnische Labor- und Feldversuche. In C. Boley (Hrsg.), *Handbuch Geotechnik* (S. 61-137). Wiesbaden: Vieweg+Teubner.

Happel, M. (10 2013). Kernbohrverfahren; Bohrkerngewinnung zur Erkundung von Baugrund und Rohstoff. Untereisesheim.

Kolymbas, D. (2019). *Geotechnik: Bodenmechanik, Grundbau, Tunelbau.* Berlin: Springer Vieweg.

Landesanstalt für Umweltschutz Baden-Württemberg. (24. Juni 1997). Probennahme von Boden und Abfall im Rahmen der Altlastenbearbeitung. Karlsruhe.

Marx, C. (1998). *Neue Entwicklungen zur Tiefbohrtechnik, Übertage - Untertage.* Braunschweig: J. Cramer Verlag.

Quante, S. (2016). Bohrverfahren in der Geothermie - Grundlagen der Bohr- und Spülungstechnik. Warendorf.

Simmer, K. (1994). *Grundbau: Teil 1 Bodenmechanik und erdstatische Berechnungen.* Vieweg+Teubner Verlag.

Ulrich, G., & Ulrich, L. (2018). 2.6 Bohrtechnik. In K. J. Witt, *Grundbau-Taschenbuch Teil 2: Geotechnische Verfahren* (S. 469 - 504). Berlin: Ernst und Sohn.

Vidal, H. (1985). Kola-SG-3, die tiefste Bohrung der Welt. *Geowissenschaften in unserer Zeit*, S. 52 - 57.

Internetquellen

Blaze, S. (2013). *Saffron Blaze Photography.* Von http://www.mackenzie.co/albums/italy/content/leaning-tower-of-pisa/

[17.02.2019]

BORAMTECH Drilling Piling GmbH. (kein Datum). *Boramtech.* Von http://www.boramtech.com/description/endlos.pdf

[20.02.2019]

Brunnenbauwerkzeug. (kein Datum). *Brunnenbauwerkzeug.* Von https://brunnenbauwerkzeug.wordpress.com/

[25.02.2019]

Eijkelkamp SonicSampDrill. (kein Datum). *Eijkelkamp SonicSampDrill.* Von https://www.sonicsampdrill.com/

[20.03.2019]

GeoDZ. (kein Datum). GeoDZ *das* Lexikon *der Erde* Von http://www.geodz.com/

[07.03.2019]

EMDE Bohrtechnik Nentershausen GmbH. (kein Datum). *Emde Bohrtechnik.* Von https://emde-bohrtechnik.de/

[25.02.2019]

Moormann, C. (2019). *Universität Stuttgart, Institut für Geotechnik.* Von http://www.uni-stuttgart.de/igs/igs_home/Bodenmechanik.html

[18.02.2019]

Nordmeyer Drilling Equipment. (2019). *Rammkernrohrsystem RKR.* Von http://www.nordmeyer.nl/membersonly/RKR%20deutsch.pdf

[10.03.2019]

Sonstiges

Schäfer, J. (05. März 2019). Aufschlussbohrungen (Anhang 1). (K. Koch, Interviewer)

Anhang 1: Interview mit Jörn Schäfer von Terrasond

Die Firma Terrasond wurde im Jahre 1969 von Fritz Laudahn gegründet. Der Firmenschwerpunkt liegt bei Erkundungs-, Grundwasser- und Brunnenbohrungen. Der Firmen Hauptsitz befindet sich in Günzburg-Deffingen. Jörn Schäfer ist Dipl. Geologe und Leiter der Zweigstelle Terrasond Rhein Main. Das Interview zum Thema Aufschlussbohrungen wurde am 05.03.2019 von Karol Koch am Firmenstandort Büttelborn geführt.

Frage: Welche Bohrverfahren bieten Sie an bzw. kommen bei Ihnen zum Einsatz?

Schäfer: Unser gängigstes Bohrverfahren ist das Rammkernrohr mit dem Düsterlohhammer, diesen betreiben wir mit Druckluft und 200 Kg Fallgewicht. Die Entnahme der Probe erfolgt über eine Klappe, bei bindigen Böden muss mit Druckluft nachgeholfen werden. Damit Bohren wir normalerweise alles bis 50 m Tiefe, bei guten Bedingungen auch bis 80m. Unsere Geräte können Zugkräfte bis 10 t absolvieren. Bei größeren Tiefen arbeiten wir mit Seilkernrohren mit Spülung. Die Begrenzung in der Tiefe liegt vor allem an der Unterbringung der Luftschläuche, diese wäre dann nur noch mit Trommeln möglich. Das Bohrwerkzeug hat bei uns normalerweise einen Durchmesser von 140 mm damit ziehen wir Proben von 100 mm.

Frage: Wo sehen sie die Vorteile bzw. auch Nachteile bei diesem Verfahren?

Schäfer: Dieses Verfahren, bzw. die Verfahren, die wir nutzen sind für uns einfach zweckmäßig. Wir können damit die meisten unserer Aufträge bedienen, es eignet sich sehr gut für die Böden im Rhein-Main-Gebiet. Die Kosten sind wesentlich geringer, als bei Spülbohrverfahren wo man z.B. auch für die Entsorgung der Spülung aufkommen muss. Die Qualität der Proben ist hoch. Unser Standard LKW hat 10 bis 15 Tonnen und besitzt die Ausstattung für Rammbohren mit Düsterlohhammer und für Bohren mit dem Seilkernrohr. Damit können wir fast alle unsere Bohraufgaben bis 30 Meter Tiefe ohne Umbauarbeiten oder zusätzlicher Geräteplanung bewältigen. Für schweres Gelände haben wir Raupen, sie verfügen über die gleiche Standardausstattung.

Frage: Was ist mit Schlagbohrverfahren wie Greifer, Meißel und Ventilbohrer?

Schäfer: Das machen wir im Grunde nicht, weil es in Rhein-Main-Gebiet in diesem Bereich zu viel spezialisierte Konkurrenz gibt. Nur Ventilbohrer setzen wir für Arbeiten unterhalb des GW-Spiegels und für z.B. Messtellen ein.

Frage: Was ist mit Trockendrehbohrverfahren?

Schäfer: Wenn die Zugänglichkeit nicht so gut ist, benutzen wir Kernrohre im Drehbohrverfahren, dabei ist das Gerät wesentlich kleiner als beim Düsterlohhammer. Bohrschnecken setzen wir ein, wenn erschütterungsarmes Arbeiten gefordert ist. Wenn möglich setzen wir aber wie erwähnt auf das Rammkernbohren.

Frage: Mit Spülung setzten sie ausschließlich auf Seilkernrohre?

Schäfer: Ja, Vollspülbohrverfahren spielen im Baugrundaufschluss im Grunde keine Rolle und Doppelkernrohre wurden bei uns vollständig durch die Seilkernrohre ersetzt. Generell sind Spülbohrverfahren durch die erwähnten Kosten nur bei großen Tiefen wirtschaftlich und die sind von unseren Kunden selten gefordert.

Frage: Wie handhaben sie die Verrohrung?

Schäfer: Nur 3 unserer 30 Einheiten verfügen über einen Drehtisch, dieser hat den Vorteil, dass die Verrohrung parallel zum Bohren durchgeführt werden kann. Das spart Zeit und verhindert das Erde von der Seite nachrutscht, das kann vor allem bei groben Böden passieren. Bei den anderen Geräten drehen wir die Verrohrung mit dem Bohrkopf nach (Überbohren)

Frage: Nutzen Sie auch Hohlbohrschnecken anstelle von Verrohrung?

Schäfer: Für Kernrohre nutzen wir sie nicht, dies ist eher in Norddeutschland üblich. Wir nutzen sie allerdings zur Ortung von Kampfmitteln und für Messtellen.

Frage: Wie entscheiden Sie welches Bohrverfahren zum Einsatz kommt?

Schäfer: Das entscheidet in der Regel der Kunde, wir Bohren was verlangt wird. Manchmal haben sie Voruntersuchungen gemacht, manchmal basiert es auf Erfahrung, es kann auch schon mal willkürlich wirken. Ansonsten ist die Zugänglichkeit ein maßgebender Faktor für uns und natürlich will man auch keine unnötigen Kosten erzeugen.

Frage. Wie denken Sie, hat sich die Baugrunderkundung in den letzten Jahren verändert?

Schäfer: Die grundliegende Technik eigentlich kaum. Heutzutage wird oftmals eine höhere Probenqualität gefordert. Die ist allerdings reine Werkzeugsache. Die neuen Rohre haben alle PVC – Liner für höherwertige Proben. Generell kann man noch sagen, dass mehr Bohrversuche wie z.B. SPT (Standard Penetration Test) durchgeführt werden.

Frage: Und denken Sie, dass es in der Zukunft noch Änderungen geben wird?

Schäfer: Amerikanische Kunden möchten manchmal Geoprobe-Verfahren, diese sind in der DIN-Norm allerdings nicht geregelt, dies könnte sich eventuell ändern, muss es aber nicht. Ansonsten glaube ich nicht an wesentliche Änderungen

Frage: Was haben Sie üblicherweise bzw. aktuell für Aufträge?

Schäfer: Üblicherweise führen wir Allerwärts-Bohrungen für normale Bauprojekte aus, das heißt einfach Kerne von Tiefen von ca. 10 bis 30 m an verschiedenen Punkten auf dem Baufeld.

In Einzelfällen machen wir auch Tiefenbohrungen für z.B. Tunnelbauprojekte.

In Wiesbaden haben wir ebenfalls ein sehr spannendes Projekt, dort bohren wir an Stellen mit artesischen Bedingungen, wir lösen das so, dass wir größer Vorbohren und dann eine Betonsperre mit Preventer betonieren, die als Ventil dient. Durch diese wird dann im Folgenden durchgebohrt. Alternativ wäre ein Spülbohrverfahren mit sehr schwerer Spülung möglich.

Kolibri 360 GmbH
Ferdinand-Jühlke-Straße 7
99095 Erfurt, Deutschland
produktsicherheit@kolibri360.de

Druck:
CPI Druckdienstleistungen GmbH
im Auftrag der
Kolibri 360 GmbH
Ferdinand-Jühlke-Str. 7
99095 Erfurt